职业教育课程改革教材·"工学一体化"系列丛书

公差配合与技术测量

主　编　王玉亭

副主编　杜金欣　武国新　景　克

参　编　王　钊　任茹楠

电子工业出版社·

Publishing House of Electronics Industry

北京 · BEIJING

内 容 简 介

本书根据中等职业教育的实际需求，更新了原有的知识体系，按照项目教学重构教学体系，以任务导向设置课程体系。全书分为 9 个项目：零件尺寸测量、零件形状公差与测量、零件轮廓公差与测量、零件定向公差与测量，零件定位公差与测量、零件跳动公差与测量、零件表面粗糙度、典型复杂零件的测量、高精检测设备的应用。每个项目设置了相应的实训练习，由浅入深地围绕公差和误差测量进行讲解。通过案例分析，使学生在知其然的同时也能知其所以然，更加易于理解，将理论知识很好的和实践相结合，另外，书中附有必要的数据、图表以供查阅。

本书可作为职业院校相关专业的教材，也可作为培训机构的培训用书，也可供相关工程技术人员参考使用。

图书在版编目（CIP）数据

公差配合与技术测量 / 王玉亭主编. —北京：电子工业出版社，2018.8

ISBN 978-7-121-34551-7

Ⅰ. ①公… Ⅱ. ①王… Ⅲ. ①公差－配合 ②技术测量 Ⅳ. ①TG801

中国版本图书馆CIP数据核字（2018）第133174号

策划编辑：张　凌
责任编辑：张　凌　　特约编辑：王　纲
印　　刷：北京虎彩文化传播有限公司
装　　订：北京虎彩文化传播有限公司
出版发行：电子工业出版社
　　　　　北京市海淀区万寿路 173 信箱　邮编　100036
开　　本：787×1092　1/16　印张：14　字数：358.4 千字
版　　次：2018 年 8 月第 1 版
印　　次：2025 年 2 月第 7 次印刷
定　　价：35.00 元

前　言

职业教育肩负着服务社会、促进学生全面发展的重要任务。《国务院关于大力发展职业教育的决定》中明确提出："坚持以就业为导向，深化职业教育教学改革。"

以课程改革委为核心的职业教育改革迫在眉睫，开发有特色、可行性强的教材成为当务之急。为了进一步适应新的职业教学改革，更加贴近教学的实际，满足学生的需求，我们组织各方面专家经过了认真研讨和论证，并由一批具有丰富教学经验的一线教师共同编写了这本全新的教材。

本课程是职业学校机电类专业的一门实用性较强的专业技能课程。目前在许多的同类教材中，大部分教材仍然局限在学科理论教学体系中，缺乏技能的训练与指导。即使部分教材已进行项目化课程改革，增强了实践环节，但由于受实践条件的影响，教学内容仍落后于社会的需要和学科的发展，使得学生适应工作岗位的能力受到制约，不能较快地在工作岗位上成长。为了改进上述问题，贯彻落实中等职业教育改革精神，更好地满足社会发展的需求，我们精心编写了这本教材。

"公差配合与技术测量"是机械类专业的一门重要的技术基础课，是与制造业紧密相联系的一门综合性技术基础学科。本书包含几何量公差与检测两方面的内容。本书以培养学生综合职业能力为出发点，涉及的知识、工艺和技术均充分考虑了学生的认知能力、实践能力及企业生产一线岗位职业素养的培养。本书是在总结中等职业教育教学和教改实践经验的基础上，根据中等职业教育教学改革的总体要求编写的，遵循实用、够用的编写原则，结合了我国中等职业教育的教学特色和学生的共性特点，力求易读易懂、便于操作，并采用了一体化教学模式。

本书主要根据中等职业教育的实际需求，更新了原有的知识体系，按照项目教学重构教学体系，以任务导向设置课程体系。全书分为9个项目：零件尺寸测量、零件形状公差与测量、零件轮廓公差与测量、零件定向公差与测量，零件定位公差与测量、零件跳动公差与测量、零件表面粗糙度、典型复杂零件的测量、高精检测量设备的应用。每个项目包含以下几个环节：任务引入、任务目标、器材准备、知识链接、任务实施、加油站、任务实施评价、想想练练。

【任务引入】说明本项目的主要解决内容，通过特定的任务引入，指引学生如何用所学知识解决生活和工作中的实际问题。

【任务目标】通过本次学习应达到的技能和知识目标。

【器材准备】本次任务实施所需使用的工件、量具或量仪。

【知识链接】重点介绍本次任务所涉及的相关专业理论知识，供学生学习。

【任务实施】主要包括测量前、测量中、测量后的一些相关技能知识和注意事项。引导学生通过公差的相关知识，制订检测方案，检测零件，出具零件测量报告，最后进行成果交流，各小组展示、评价与总结。

【加油站】普及介绍一些与本次任务同类型的量具、测量方法。

【想想练练】加强学生对所学知识的认识和掌握。

本书采用最新的国家标准和行业标准，结合中职的教学特点，通过9个项目相应的实训练习，由浅入深地围绕公差和技术测量进行讲解。通过案例分析，使学生在知其然的同时也能知其所以然，在叙述基本概念、基本理论的基础上，重点强调标准的应用能力，更加易于理解，将理论知识很好地和实践结合起来。在项目实施过程中，以量具、量仪的应用和测量方法为主线架设若干个任务，便于工作任务的完成。此外，本书各项目既有联系，又保持内容上的独立性和系统性，以适应不同专业教学的需求。另外，书中附有必要的数据、图表以供查阅。

本书可作为中、高职相关专业的教材，也可作为培训机构的培训用书，也可供相关工程技术人员参考使用。

本书由南阳高级技工学校王玉亭（项目一和项目九）任主编，杜金欣（项目二和项目三）、武国新（项目四和项目五）、景克（项目六和项目七）任副主编，王钊与任茹楠（项目八）参加了编写。本书在编写过程中参阅了大量的相关教材和相关文献，同时得到了周娅楠和周海迪的大力支持，在此一并表示感谢。

由于编者水平有限，书中难免有错误和疏漏之处，为进一步提高本书的质量，欢迎广大读者和专家对我们的工作提出宝贵的意见和建议。

目 录

项目一

零件尺寸测量

　　机械零件的指标要求很多，包括几何形状、尺寸公差、形位公差、表面粗糙度、材质的化学成分及硬度等。测量是进行质量管理的重要手段，而尺寸是零件制造的基本要素。本项目主要从简单零件到复杂零件，以通用量具的应用来介绍零件尺寸的测量方法及与测量相关的基础知识。

任务一　用游标卡尺测量零件尺寸

任务引入

　　实际生活中，当手边没有直尺等测量工具时，你是如何估量某一物品的长度的？用木杆或绳子？用"迈步""布手"的方法？这些其实是古代早期测量长度的方法。自从有了长度单位制以后，就出现了刻线直尺。

　　1992年，在扬州市某镇的一座东汉墓中，考古专家发现了一件青铜卡尺，这个发现令专家倍感兴奋和激动。因为《英国百科全书》中记述，游标卡尺是法国数学家魏尼尔·皮尔于1631年发明的，而中国东汉青铜卡尺的出土，填补了我国在游标卡尺历史上的空白，将游标卡尺的历史提早了一千多年，它为研究我国古代科学技术史、数学史和度量衡史提供了实例，因而弥足珍贵。

　　那么游标卡尺到底是一种什么样的测量器具呢？让我们一起揭开它神秘的面纱，学会使用它测量零件的尺寸。

任务目标

◆ **知识目标**

（1）熟悉常用测量器具及测量方法的分类。

（2）掌握测量的相关概念。

（3）通过游标卡尺的使用理解测量器具的主要技术指标。

（4）掌握游标卡尺的类型、刻线原理、读数方法，以及使用方法与测量步骤。

◈ **技能目标**

（1）能正确使用游标卡尺测量零件的外径、内径及长度。

（2）会根据零件要求选用测量器具。

器材准备 ||||

（1）被测零件：阶台轴（图 1-1）。

（2）测量器具：普通游标卡尺（图 1-2）。

图 1-1　阶台轴　　　　　　　　　　　　　　图 1-2　游标卡尺

知识链接 ||||

一、测量的基本要素

测量是以确定量值为目的的全部操作。测量的过程实际上就是将被测量对象与具有计量单位的标准量进行比较，确定其比值的过程。

与测量相近的概念还有检验，检验是确定被测量是否在规定的验收极限范围内，以便做出零件是否合格的判断，但不一定要确定其量值。

一个完整的测量过程应包含被测对象、计量单位、测量方法和测量精度 4 个要素，具体内容见表 1-1。

表 1-1　测量过程的四要素

四　要　素	说　　明	举　　例（用游标卡尺测量轴径）
被测对象	在机械精度的检测中主要指有关几何精度方面的参数量，如尺寸公差、形状和位置公差、表面技术要求	轴的直径
计量单位（单位）	指以定量表示同种量的量值时约定采用的标准量。在机械制造中，我国通常以"米"（m）为尺寸单位。在精密测量中，常以"微米"（μm）为单位	毫米（mm）
测量方法	在实施测量的过程中对测量原理的运用及其实际操作即测量方法，它是测量器具（计量器具）和测量条件（环境和操作者）的总和	游标卡尺，直接测量
测量精度	指测量结果与其真值的一致程度。当某量能被完善地确定并能排除所有测量上的缺陷时，通过测量所得到的量值为真值	±0.03mm

表 1-1 中所举的例子是用游标卡尺测量轴径，即将被测对象（轴的直径）用特定测量

方法（游标卡尺）与长度单位（毫米）相比较，若其比值为 30.52，测量精度为±0.03mm，则测量结果可表达为 30.52±0.03mm。

二、测量器具

测量器具是量具、量规、测量仪器（简称量仪）和其他用于测量目的的测量装置的总称。

1．测量器具的分类

测量器具按结构特点可分为量具、量规、量仪和测量装置 4 类。

（1）量具

量具是用来测量或检验零件尺寸的器具，其结构比较简单，一般能直接指示长度的单位或界限，通常没有放大装置，如量块（图 1-3）、角尺、卡尺、千分尺等。

（2）量规

量规是没有刻度的专用测量器具，用来检验零件尺寸和形位误差的综合结果，从而判断零件被测量的几何量是否合格。量规只能判断零件是否合格，而不能获得被测量的具体数值，如光滑极限量规（图 1-4）、螺纹量规等。

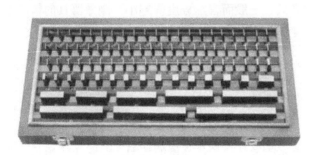

图 1-3　量块

图 1-4　光滑极限量规

（3）量仪

量仪是用来测量零件或检定量具的仪器，其结构比较复杂，通常利用机械、光学、气动、电动等原理，将长度单位放大或细分进行测量，如水平仪、圆度仪、轮廓仪、万能工具显微镜等。如图 1-5 所示为合像水平仪，如图 1-6 所示为偏摆检查仪。

图 1-5　合像水平仪

图 1-6　偏摆检查仪

（4）测量装置

测量装置是确定被测量所必需的测量器具和辅助设备的总称。

2．测量器具的主要技术指标

以图 1-7 所示的普通游标卡尺为例，介绍其主要技术指标。

图 1-7　游标卡尺

（1）分度间距

分度间距（又称刻度间距）是测量器具的刻度尺或刻度盘上两相邻刻线中心的距离。为便于观察读数，一般做成间距为 1～2.5mm 的等距离刻线。分度间距太小，会影响估读精度；分度间距太大，会加大读数装置的轮廓尺寸。

（2）分度值

分度值（又称刻度值）是测量器具的刻度尺或刻度盘上两相邻刻线所代表的量值之差。分度值是一种测量器具所能直接读出的最小单位量值，它反映了读数精度的高低，从一个侧面说明了该测量器具测量精度的高低。一般而言，分度值越小，测量器具的精度越高。图 1-7 所示普通游标卡尺的分度值为 0.02mm。

 小提示

有些量仪（如数字式量仪）是非刻度盘指针显示的，其分度值应称为分辨率。

（3）示值范围

示值范围是测量器具所显示或指示的最低值到最高值的范围。如图 1-7 所示，普通游标卡尺的示值范围为 0～150mm。

（4）测量范围

测量范围指在允许误差极限内，测量器具所能测量的被测量值的下限值至上限值的范围。图 1-7 所示普通游标卡尺的测量范围为 0～150mm，它与示值范围相同。对于某些测量装置，测量范围包括示值范围，还包括装置的悬臂或尾座等的调节范围。

（5）示值误差

示值误差指测量器具显示的数值与被测几何量的真值之差，它是测量器具本身各种误差的综合反映。示值误差是代数值，有正负之分。一般可用量块作为真值来检定出测量器具的示值误差。示值误差越小，测量器具的精度就越高。不同分度值的游标卡尺的示值误差见表 1-2。

表 1-2　游标卡尺的示值误差　　　　　　　　　　　　　　单位：mm

测量范围	不同分度值的示值误差		
	0.02	0.05	0.10
0～150	±0.02	±0.05	±0.10
0～200	±0.03		
0～300	±0.04	±0.08	
0～500	±0.05		

（6）示值变动性

示值变动性（又称示值稳定性）指在测量条件不变的情况下，对同一被测量进行多次（一般5~10次）测量，重复观察读数，其示值变化的最大差值。

（7）灵敏度

灵敏度（又称放大比）指测量器具对被测量变化的反应能力。

（8）回程误差

回程误差指在相同情况下，测量器具正反行程在同一点示值上被测量值之差的绝对值。回程误差主要是由量仪转动元件之间的间隙、变形和摩擦等原因引起的。

（9）测量力

测量力是在接触式测量过程中，测量器具测头与被测工件表面间的接触压力。测量力太大会引起弹性形变，测量力太小会影响接触的稳定性。较好的测量器具一般均设有测量力控制装置。

（10）不确定度

不确定度是由于测量器具的误差而对被测量值不能确定的程度，一般包括测量器具的示值误差、回程误差等，它是一个综合指标。

三、测量方法

在长度测量中，测量方法是根据被测对象的特点来选择和确定的。被测对象的特点主要指它的精度要求、几何形状、尺寸大小、材料性质及数量等。常用测量方法见表1-3。

表1-3　常用测量方法

分类方法	测量方法	含　义	说　明
是否直接测量被测参数	直接测量	无须对被测量与其他实测量进行一定函数关系的辅助计算，直接得到被测量值的测量方法	测量精度只与测量过程有关，如用游标卡尺测量轴的直径和长度
	间接测量	通过直接测量与被测参数有已知关系的其他量而得到该被测参数量值的测量方法	精确度不仅取决于有关参数的测量精确度，并且与依据的计算公式有关
测量器具的读数是否直接表示被测量的量值	绝对测量	由测量器具的读数装置上读出被测量的整个量值	如用千分尺测量零件的直径
	相对测量（又称比较测量）	测量器具的读数装置指示的值只是被测量对标准量的偏差，被测量的整个量值等于测量器具所指偏差与标准量的代数和	如用正弦规测量锥度
零件被测参数的多少	单项测量	对被测零件的某个参数进行单独测量	如单独测量螺纹中径或螺距
	综合测量	对被测零件的几个相关参数进行测量	如用螺纹极限量规检验螺纹
被测表面与测量器具的测头是否接触	接触测量	测量器具的测头直接与被测零件表面相接触得到测量结果	如用游标卡尺测量轴的直径、长度
	非接触测量	测量器具的测头与被测零件表面不直接接触（表面无测量力存在），而是通过其他介质（如光、气流等）与零件接触得到测量结果	如用投影仪测量复杂零件的尺寸

续表

分类方法	测量方法	含　义	说　明
测量在加工过程中的作用	被动测量	零件加工后进行的测量	测量结果仅用于发现并挑出废品
	主动测量	零件在加工过程中进行的测量	测量结果直接用来控制零件的加工过程，从而预防废品的产生
被测零件在测量过程中的状态	静态测量	测量时零件被测表面与测量器具的测头是相对静止的	如用千分尺测量零件的直径
	动态测量	测量时零件被测表面与测量器具的测头之间有相对运动	如用激光丝杠动态检查仪测量丝杠

四、游标卡尺

游标卡尺属于游标类测量器具，它是一种常用量具，具有结构简单、使用方便、精度中等及测量的尺寸范围大等特点，可用来测量零件的外径、内径、长度、宽度、厚度、深度和孔距等，应用范围很广。

1. 游标卡尺的结构和特点

游标卡尺按其结构和用途的不同，可分为普通游标卡尺、双面游标卡尺和单面游标卡尺。按读数方式的不同，游标卡尺又可分为普通游标卡尺、带表游标卡尺、电子数显游标卡尺等。另外，还有一些特殊结构的游标卡尺，如无视差游标卡尺和大尺寸游标卡尺。如图 1-8 所示为最常用的普通游标卡尺的结构。各类游标卡尺的结构和特点见表 1-4。

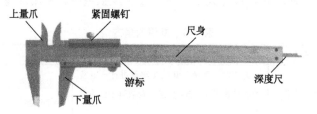

图 1-8　普通游标卡尺的结构

表 1-4　各类游标卡尺的结构和特点

类　型	结　构	特　点
普通游标卡尺		由尺身、尺框、深度尺等部分组成，可测内尺寸、外尺寸、孔或槽的深度
双面游标卡尺		无深度尺，但在尺框上装有微动装置，便于调节尺寸。下量爪上附加内测量爪，可测量内孔尺寸（读数值应减去内测量爪的尺寸）
单面游标卡尺		与双面游标卡尺相比，无深度尺，无上量爪，但有微动装置。下量爪上附加内测量爪，可测量内孔尺寸（读数值应减去内测量爪的尺寸）

类　型	结　构	特　点
无视差游标卡尺		尺身两侧边制成棱柱形，使其与游标尺的刻线在同一平面内，减少了视差
大尺寸游标卡尺		尺身采用截面为矩形的无缝钢管。测量范围有0～1000mm、0～2000mm、0～3000mm。下量爪上附加内测量爪，可测量内孔尺寸（读数值应减去内测量爪的尺寸）
带表游标卡尺		以指示表刻线代替游标读数，读数直观，使用方便
电子数显游标卡尺		测量值直接由显示器显示出来

2．游标卡尺的读数方法

普通游标卡尺的读数机构由尺身（主尺）和游标两部分组成。当活动量爪与固定量爪贴合时，游标上的"0"刻线（简称游标零线）对准尺身上的"0"刻线，此时量爪间的距离为0，如图1-9（a）所示。当尺框向左移动到某一位置时，固定量爪之间的距离就是零件的测量尺寸，如图1-9（b）所示。零件尺寸的整数部分，可在游标零线左边的尺身刻线上读出来，小数部分为游标零线右边与尺身上刻线重合的刻线数乘以游标的分度值所得的积。

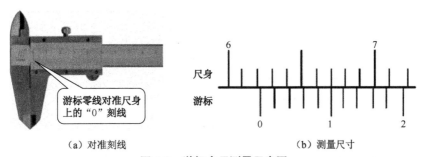

（a）对准刻线　　　　　　　　　（b）测量尺寸

图1-9　游标卡尺测量示意图

（1）刻线原理（图1-10）

普通游标卡尺的精度有0.10mm、0.05mm、0.02mm。机械加工中常用精度为0.02mm的游标卡尺。下面就以此为例，说明游标卡尺的刻线原理。

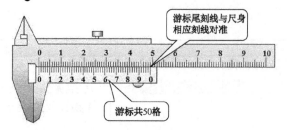

图 1-10 精度为 0.02mm 的游标卡尺的刻线原理

尺身每格是 1mm，当两爪合并时，游标上的 50 格刚好等于尺身上的 49mm（49 格），则游标每格为 0.98mm（49÷50），尺身与游标每格相差 0.02mm（1 – 0.98 = 0.02）。0.02mm 即该游标卡尺的最小读数值（分度值）。

（2）读数方法

① 读出游标零线左边尺身上最近刻线的毫米数，即测量结果的整数部分，如图 1-11（a）所示为 62mm。

② 读出游标上与尺身对齐的刻线数，再乘以分度值，即测量结果的小数部分，如图 1-11（a）所示为 5 × 0.02mm = 0.10mm。

③ 把读出的整数部分与小数部分相加，即测量尺寸，如图 1-11 所示，被测尺寸为 62mm + 0.10mm = 62.10mm。

💡 **小提示**

1. 为了便于读数，在尺身上每 10 格标有一数字，如图 1-11（a）中所示的"6"表示 60mm；在游标上每 5 格标有一数字，"1"表示 0.10mm（分度值为 0.02mm）。

2. 游标卡尺不需要估读，它的最后一位数是准确的。

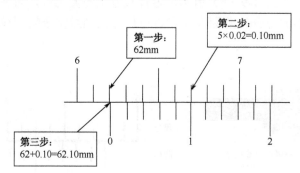

（a）精度为 0.02mm

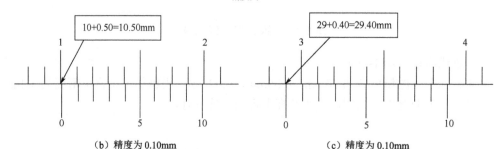

（b）精度为 0.10mm   （c）精度为 0.10mm

图 1-11 游标卡尺读数方法

任务实施

一、测量前

（1）将游标卡尺擦拭干净，检验卡脚紧密贴合时是否有明显缝隙，如图1-12（a）所示。

（2）检查尺身和游标的零位是否对准，检查被测量面是否平直无损。

（a）清洁量爪测量面   （b）校对零位

图1-12　测量前的检查

（3）移动尺框，检查其活动是否自如，不应过松或过紧，更不能有晃动现象。

（4）用紧固螺钉固定尺框时，卡尺的读数不应有所改变。移动尺框时，须松开紧固螺钉。

二、测量中

（1）测量工件外部尺寸时，卡脚张开的尺寸应稍大于工件的尺寸，以便卡脚两侧自由进入工件。测量时，可以轻轻摆动卡尺，放正垂直位置，然后锁紧，如图1-13所示。

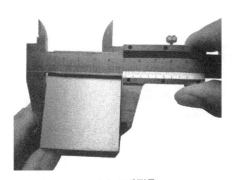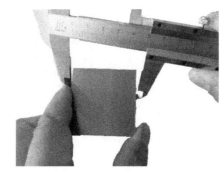

（a）双手测量   （b）卡尺未端平

图1-13　测量工件外部尺寸

（2）测量工件内部尺寸时，卡脚张开的尺寸应稍小于工件的尺寸，然后拉动游标，量爪应位于工件横截面中心线上，如图1-14（a）所示。若量爪不在工件横截面中心线上，就会造成测量数值偏小，使测量结果不准确，如图1-14（b）所示。

（a）正确测量　　　　　　　　　　　　　　　　（b）错误测量

图 1-14　测量工件内部尺寸

（3）利用深度尺测量工件深度时，尺身端部平面应靠在基准面上，尺身与零件中心线应平行，如图 1-15 所示。

（a）正确测量　　　　　　　　　　　　　　　（b）错误测量

图 1-15　测量工件深度

（4）读数时，应尽可能使视线与卡尺刻线表面保持垂直，以免造成读数误差，如图 1-16 所示。

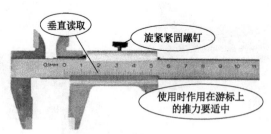

图 1-16　测量时的读数示意图

💡 **小提示**

使用游标卡尺时，不允许过分施加压力，以免卡尺弯曲或磨损。

三、测量后

将游标卡尺擦净后放置在专用盒内。若长时间不用，应涂油保存，以防生锈。

四、填写测量报告（表 1-5）

表 1-5　用游标卡尺测量零件尺寸的报告

测量器具	游标卡尺　　测量范围 ＿＿＿＿ mm　　　分度值 ＿＿＿＿ mm
被测零件	（零件尺寸图）
测量结果	

零件图标注：$R10$、$C2$、$1:5$、$\phi48h7$、$\phi38h7$、$\phi31.6$、$M24\times1.5\text{-}7H$、$\phi34h7$、$\phi40$、$C1$、$14^{+0.011}_{0}$、7、8、$14^{0}_{-0.018}$、$45^{0}_{-0.016}$

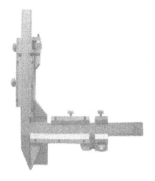

五、成果交流

（1）如何判断一把游标卡尺的分度值？

（2）测量过程中出现过哪些问题？这些问题又是如何解决的？

（3）学生展示游标卡尺的测量方法，师生共同评价。

加油站

游标类量具

利用游标和尺身相互配合进行测量和读数的器具，称为游标类量具。这种量具结构简单、使用方便、测量范围大、维护和保养容易，在机械加工中应用广泛。

根据用途的不同，游标类量具可分为高度尺、深度尺、万能角度尺和齿厚游标卡尺等，如图 1-17 所示。游标类量具可用来测量零件的外径、内径、长度、宽度、厚度、高度、深度、角度及齿轮的齿厚等。

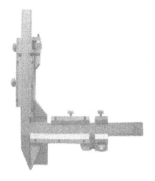

（a）齿厚游标卡尺　　　　　　　　　（b）高度尺

图 1-17　游标类量具

（c）深度尺　　　　　　　　　　　　（d）万能角度尺

图 1-17　游标类量具（续）

任务实施评价

根据任务实施情况，认真填写附录 3 所示的评价表。

想想练练

1．一个完整的测量过程应包括_____、_____、_____、_____ 4 个要素。

2．常用游标卡尺的精度有_____、_____、_____。

3．用游标卡尺测量任务中的零件尺寸分别属于_____测量、_____测量、_____测量、_____测量、_____测量。

4．游标卡尺的读数方法是先读_____，再读_____。

5．使用游标卡尺测量工件尺寸，读数时视线应尽可能与卡尺刻线表面_____。

6．写出图 1-18 中游标卡尺的读数，游标卡尺分度值为 0.02mm。

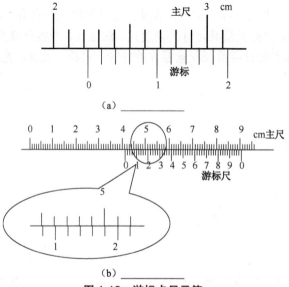

图 1-18　游标卡尺示值

7．选用游标卡尺演示以下测量数值："0""20.04""26.22""48.38""56.44""68.70"
"75.68"。

8．说出图 1-19 中游标卡尺的精度和刻线原理。

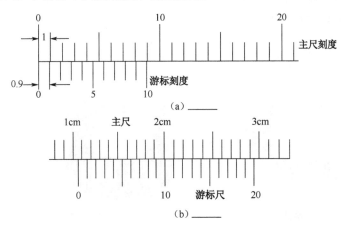

图 1-19　游标卡尺刻线原理图

任务二　用千分尺测量零件尺寸

任务引入

在工厂里，老师傅经常说工件精度是几丝几道。一丝或一道就是毫米的百分之一
（0.01mm）。用游标卡尺测量已经满足不了这种精度要求。千分尺是比游标卡尺更精密的量
具，测量精度达到 0.01mm，且测量较灵活，因此常用于测量精度要求较高的零件。

如何应用千分尺测量零件尺寸呢？又如何评判零件的合格性呢？让我们一起来探究，
一起学会使用千分尺测量零件的尺寸。

任务目标

◈ **知识目标**

（1）掌握尺寸与公差的相关概念。

（2）了解测量误差产生的原因。

（3）熟悉测量误差的分类及处理方法。

（4）掌握千分尺的类型、读数原理和读数方法。

◈ **技能目标**

（1）能正确使用外径千分尺测量零件尺寸。

（2）能根据零件要求选择测量工具。

器材准备 ||||

（1）被测零件如图 1-20 所示。
（2）测量器具：外径千分尺（图 1-21）。

图 1-20　被测零件

图 1-21　外径千分尺

知识链接 ||||

　　千分尺的种类很多，其中外径千分尺应用最广。在学会如何正确使用外径千分尺测量零件尺寸之前，我们先来了解一下外径千分尺。

一、外径千分尺的结构

　　外径千分尺由尺架、测微螺杆、微分筒、固定套筒和锁紧螺钉等组成，具体结构如图 1-22 所示。尺架的一端装着固定测砧，另一端装着测微螺杆。固定测砧和测微螺杆的测量面上都镶有硬质合金头，以提高测量面的使用寿命。尺架的两侧面覆盖着绝热板，使用千分尺时，手拿在绝热板上，以防人体的热量影响千分尺的测量精度。

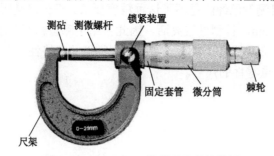

图 1-22　0~25mm 外径千分尺结构图

二、尺寸与公差

　　在零件图样（图 1-23）中，尺寸公差简称公差，指允许的尺寸变动量，是用绝对值来定义的。它是机械加工领域非常重要的内容之一，也是零件制造和检验的重要依据。

　　尺寸是以特定单位表示长度大小的数值，它包括公称尺寸和偏差。尺寸与公差的相关概念和含义见表 1-6。本书中未注尺寸单位均为 mm。

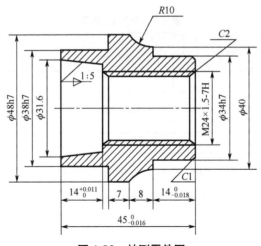

图 1-23 被测零件图

表 1-6 尺寸与公差的相关概念和含义

尺 寸		$\phi 48^{0}_{-0.025}$	$10^{+0.011}_{0}$	$14^{+0.018}_{0}$	含 义	计算方法
公称尺寸（D、d）		48	10	14	设计给定的尺寸，标准化数值	
极限偏差	上极限偏差（ES、es）	0	+0.011	+0.018	指某一极限尺寸减去公称尺寸所得的代数差	$ES = D_{max} - D$ $es = d_{max} - d$
	下极限偏差（EI、ei）	−0.025	0	0		$EI = D_{min} - D$ $ei = d_{min} - d$
实际偏差					指实际测量尺寸减去公称尺寸所得的代数差	
公差（T_D、T_d）		0.025	0.011	0.018	指允许的尺寸变动量，等于上极限尺寸与下极限尺寸之代数差的绝对值，或等于上极限偏差与下极限偏差之代数差的绝对值	$T_D = \lvert D_{max} - D_{min} \rvert$ $= \lvert ES - EI \rvert$ $T_d = \lvert d_{max} - d_{min} \rvert$ $= \lvert es - ei \rvert$
极限尺寸	上极限尺寸（D_{max}、d_{max}）	$\phi 48$	10.011	14.018	设计时给定的允许尺寸变化的两个界限值，也是控制实际尺寸合格的界限值	$D_{max} = D + ES$ $d_{max} = d + es$
	下极限尺寸（D_{min}、d_{min}）	$\phi 47.975$	10	14		$D_{min} = D + EI$ $d_{min} = d + ei$
提取组成要素的局部尺寸（Da、da）					测量得到的尺寸	
零件合格条件		下极限尺寸≤提取组成要素的局部尺寸≤上极限尺寸				

注：表中孔的各类尺寸用相应的大写字母表示，轴的各类尺寸用相应的小写字母表示。

📖 练一练 ···○

根据表 1-7 中给定的尺寸进行计算，并填写相应的数值。

表1-7　尺寸计算表

	$\phi48^{\ 0}_{-0.025}$	$\phi38^{\ 0}_{-0.025}$	$\phi34^{\ 0}_{-0.025}$	45 ± 0.04
公称尺寸				
上极限尺寸				
下极限尺寸				
上极限偏差				
下极限偏差				
公差				

💡 **小提示**

1. 公差是允许的尺寸变动量，是用绝对值来定义的，没有正负之分，也不能为零。

2. 极限偏差用于控制实际偏差，是判断完工零件是否合格的依据，而公差则控制一批零件实际组成要素的差异程度。

三、外径千分尺的读数方法

用外径千分尺测量零件尺寸，就是把被测零件置于千分尺的两个测量面之间，两测量面之间的距离即零件的测量尺寸。当测微螺杆在螺纹轴套中旋转时，由于螺旋线的作用，测微螺杆有轴向移动，使两测量面之间的距离发生变化。

💡 **小提示**

若测微螺杆按顺时针方向旋转一周，两测量面之间的距离就缩小一个螺距。同理，若按逆时针方向旋转一周，则两测量面之间的距离就增大一个螺距。常用外径千分尺测微螺杆的螺距为0.5mm。

1. 刻线原理

如图1-24所示，在千分尺的固定套筒上刻有轴向中线，作为微分筒读数的基准线。在轴向中线的两侧有两排刻线，每排刻线间距为1mm，上下刻线相互错开0.5mm。微分筒的圆周上刻有50条等分线，当微分筒转一周时，测微螺杆就前进或后退0.5mm。微分筒转过它本身圆周刻度的一小格时，两测量面之间移动距离为0.5÷50=0.01mm。由此可知，千分尺的分度值为0.01mm。

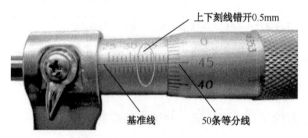

图1-24　外径千分尺刻线原理

2．读数步骤

如图 1-25 所示，在外径千分尺上读数的方法分三步。

（1）读出固定套筒上刻线所显示的最大数值。

（2）在微分筒上找到与固定套筒中线对齐的刻线，再乘以分度值。当微分筒上没有任何一条刻线与固定套筒中线对齐时，应估读到小数点后第三位数。

（3）把以上两个读数相加即得到实测尺寸。

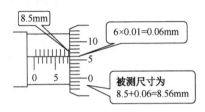

图 1-25　外径千分尺读数步骤

项目一　零件尺寸测量

 小提示

读数时，要防止多读或少读 0.5mm；一般应估读到最小刻度的十分之一，即 0.001mm。

 练一练

读出图 1-26 所示的尺寸。

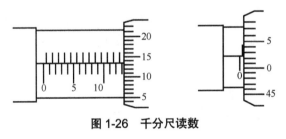

图 1-26　千分尺读数

四、测量误差与处理

由于测量器具本身的误差，以及受测量方法和条件的限制，任何测量过程中测量所得的值都不可能是被测量的真值，即使对同一被测几何量重复进行多次测量，测量所得的值也不会完全相同。测量值与被测量的真值之间的差异在数值上表现为测量误差。

1．测量误差的评定

测量误差常采用绝对误差和相对误差两种指标评定，具体内容见表 1-8。

2．测量误差产生的原因

测量误差产生的原因很多，归纳起来主要有以下几个方面。

1）测量器具误差

测量器具误差指测量器具本身在设计、制造和使用过程中造成的各项误差。这些误差的综合反映可用测量器具的示值精度或不确定度来表示。

2）方法误差

方法误差指由于测量方法不完善所引起的误差。例如，接触测量中测量力引起的测量器具和零件表面变形误差，间接测量中计算公式不精确引起的误差。

表 1-8　测量误差的评定方法

评定指标	定　义	应　用	举　例
绝对误差	被测量工件的测得值与其真值之差，反映测量结果偏离真值的程度	评定或比较大小相同的被测量的测量精度	用某器具测量 20mm 的长度的绝对误差为 0.002mm，用另一器具测量 250mm 的长度的绝对误差为 0.02mm。因被测长度不同，不能用绝对误差的大小来判断测量精度的高低，须用相对误差来评定。通过计算可知，前者的相对误差为 0.01%，后者的相对误差为 0.008%。后者的测量精度较前者高
相对误差	被测量绝对误差的绝对值与被测量真值之比	评定或比较大小不同的被测量的测量精度	

3）环境误差

环境误差是由于测量时的环境条件不符合标准条件而引起的误差。测量的环境条件包括温度、湿度、气压、振动及灰尘等，其中温度对测量结果的影响最大。

4）人为误差

人为误差指测量人员的主观原因和操作水平所引起的误差。例如，由于测量人员视觉偏差，估读判断错误等引起的误差。

💡 **小提示**

测量误差有些是不可避免的，有些是可以避免的。因此，测量者应对造成测量误差的可能原因进行分析，掌握其影响规律，设法消除或减小其对测量结果的影响，以保证测量精度。

3．测量误差的分类及处理

测量误差按其特性可分为系统误差、随机误差、粗大误差三类，具体内容见表 1-9。

表 1-9　测量误差的分类及处理方法

分　类	含　义	误差举例	处理方法
系统误差	在相同条件下，多次测量同一量值时，大小和符号保持不变或按一定规律变化的误差	千分尺零位校正不正确造成的误差	实验对比确定校正值
随机误差	在相同条件下，多次测量同一量值时，大小和符号以不可预见的方式变化的误差	温度、测量力不稳定造成的误差	将多次测量的算术平均值作为测量结果
粗大误差	超出规定条件下预期的误差	测量者的读数、记录错误等造成的误差	不允许存在，应按一定准则确定并消除

任务实施

一、测量前

（1）根据被测工件的尺寸选择相应的千分尺。千分尺常用的测量范围有 0～25mm、25～50mm、50～75mm、75～100mm 等，间隔为 25mm。

（2）将千分尺测砧面擦拭干净，校准零线（微分筒上的零线应与固定套筒上的基准线对齐），如图 1-27 所示。如果零线未对准，可松开罩壳，略转套管，使零线与基准线对齐。

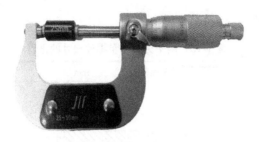

图 1-27　外径千分尺的校正

二、测量中

（1）先将工件被测表面擦拭干净，然后将其置于外径千分尺两测量面之间，使外径千分尺测微螺杆的轴线与工件中心线垂直或平行，如图 1-28 所示。

（2）旋转微分筒，使测量端与工件被测表面接近，然后旋转测力旋钮，直到听到两三声"咔咔"声为止，然后紧固锁紧螺钉。

（3）轻轻取下千分尺，尽可能使视线与刻线表面保持垂直，以免造成读数误差，如图 1-29 所示。

（4）测量尺寸较小的工件时，可采用单手测量法（此法要求操作者具有较丰富的测量经验），如图 1-30 所示。

图 1-28　使用千分尺测量工件　　　图 1-29　读数时的要求　　　图 1-30　单手测量法

💡 **小提示**

1. 千分尺在使用过程中要轻拿轻放，不要与工具、刀具等堆放在一起，以免碰伤千分尺。

2. 不能使用千分尺测量毛坯件及未加工表面，不能在工件转动时测量。

3. 每个测量尺寸取两个截面，每个截面取相互垂直的两个方向进行测量。

4. 测量结束后将测量值相加并求平均值，将结果作为实际值。

三、测量后

将千分尺擦拭干净并涂上一层工业凡士林，存放在专用盒内。

四、填写测量报告

测量报告见表1-10。

表1-10　用千分尺测量零件尺寸的报告

测量器具	千分尺　　　　测量范围 _____ mm　　　　分度值 _____ mm
被测零件 （简图）	（零件简图）

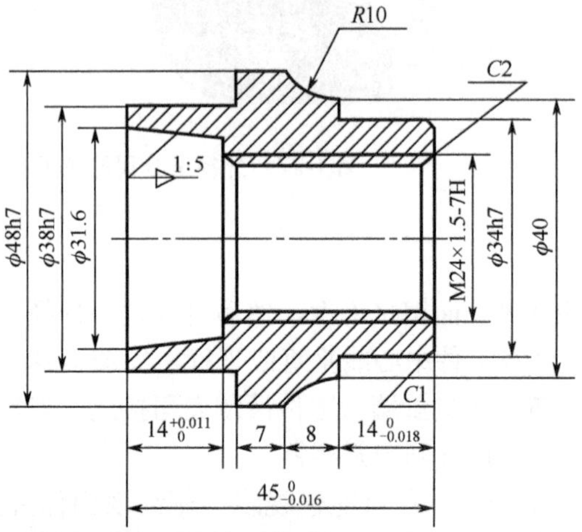

测量数据处理

测量部位	截面1		截面2		平均值
	I - I	II - II	I - I	II - II	
$\phi48_{-0.025}^{0}$					
$\phi38_{-0.025}^{0}$					
$\phi34_{-0.025}^{0}$					
$45_{-0.016}^{0}$					
测量结果	合格性判断				
	判断理由				

五、成果交流

（1）测量误差产生的原因有哪些？如何消除或减少其对测量结果的影响？

（2）学生展示外径千分尺的测量方法，师生共同评价。

（3）用外径千分尺演示以下读数：18.045mm、27.320mm、37.980mm、42.480mm。

加油站

其他千分尺

应用螺旋副测微原理进行测量的量具称为螺旋测微量具。螺旋测微量具的测量精度比游标卡尺高，并且测量比较灵活，因此被广泛应用于加工精度要求较高的场合。常用的螺旋测微量具是千分尺。千分尺的种类很多，除外径千分尺外，常用的还有内径千分尺、深度千分尺、壁厚千分尺、螺纹千分尺和公法线千分尺，如图1-31所示。它们分别用于测量或校验零件的内径、深度、厚度、螺纹中径及齿轮的公法线长度等。

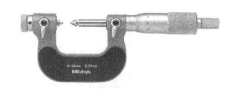
（a）螺纹千分尺

（b）公法线千分尺

（c）内径千分尺

（d）深度千分尺

图 1-31　其他千分尺

任务实施评价

根据任务实施情况，认真填写附录 3 所示的评价表。

想想练练

1．尺寸 $\phi 36_{-0.05}^{0}$ 的公称尺寸是_____，上极限偏差是_____，下极限偏差是_____，上极限尺寸是_____，下极限尺寸是_____，公差是_____。

2．尺寸 $\phi 48 \pm 0.1$ 的基本尺寸是_____，上极限偏差是_____，下极限偏差是_____，上极限尺寸是_____，下极限尺寸是_____，公差是_____。

3．测量误差按其特性可分为_____、_____、_____三类。

4．测量误差产生的原因可归纳为_____、_____、_____、_____。

5．取多次测得值的算术平均值作为测量结果，可以提高测量精度，主要是因为减少了_____误差。

6．由于测量器具零位不准而出现的误差属于_____。

7．如图 1-32 所示，千分尺的测量范围为_____，分度值是_____。

图 1-32　千分尺的规格

8. 写出图 1-33 所示千分尺的读数值。

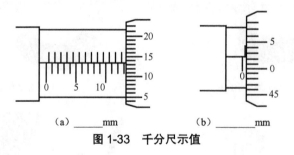

（a）_____ mm　　　　（b）_____ mm

图 1-33　千分尺示值

任务三　用内径百分表测量零件尺寸

任务引入

实训厂接到一批高级工毕业鉴定工件（图 1-34）检测任务，数量为 268 件，要求在两天内完成检测。该工件内孔有三个尺寸，并且尺寸精度要求严格，游标卡尺无法达到测量精度要求，外径千分尺无法测量。经过商量，决定粗加工用游标卡尺测量，精加工由于是小批量生产，使用内径百分表测量。内径百分表在测量时操作简单，但前提是必须熟练地掌握其使用方法。本任务中让我们一起学习使用内径百分表测量内孔尺寸。

任务目标

◆ 知识目标

（1）熟悉公差与配合标准，能熟练查阅标准公差表。

（2）能正确识读公差带代号。

（3）掌握内径百分表的结构、读数方法及安装和使用方法。

◆ 技能目标

（1）能正确使用内径百分表对零件进行测量。

（2）能根据零件要求选用测量工具。

器材准备

（1）被测零件如图 1-34 所示。

（2）测量器具：内径百分表（图 1-35）。

图 1-34 被测零件

图 1-35 内径百分表

知识链接

一、尺寸公差的相关术语及其定义

1. 孔和轴

孔通常指工件各种形状的内表面，包括圆柱形内表面和其他由单一尺寸形成的非圆柱形包容面。

轴通常指工件各种形状的外表面，包括圆柱形外表面和其他由单一尺寸形成的非圆柱形被包容面。

2. 尺寸的相关术语及其定义

1）尺寸

尺寸是用特定单位表示长度大小的数值。长度包括直径、半径、宽度、深度、高度和中心距等。尺寸由数值和特定单位两部分组成，如 30mm。机械图样中，尺寸单位为 mm 时，通常可以省略单位。

2）公称尺寸

公称尺寸由设计给定，是由设计者经过计算或按经验确定后，再按标准选取的标注在设计图上的尺寸。它应该符合长度标准、直径标准，以减少定值刀具、量具的种类。孔的公称尺寸用 D 表示，轴的公称尺寸用 d 表示。

3）实际尺寸（D_a、d_a）

实际尺寸是通过测量获得的尺寸。由于测量误差，实际尺寸不一定是尺寸的真值。由于存在加工所致的形状误差，同一表面不同部位的实际尺寸往往也不相等。而且不同场合对孔和轴有不同的松紧要求，因此工件加工完成后所得的实际尺寸一般不等于其公称尺寸，公称尺寸实际是用以计算其他尺寸的一个依据。

4）极限尺寸

极限尺寸是允许尺寸变化的两个界限值。

孔或轴允许的最大尺寸称为最大极限尺寸或上极限尺寸（D_{max} 和 d_{max}）。

孔或轴允许的最小尺寸称为最小极限尺寸或下极限尺寸（D_{min} 和 d_{min}）。

尺寸合格条件：

$$D_{min} \leqslant D_a \leqslant D_{max}$$
$$d_{min} \leqslant d_a \leqslant d_{max}$$

极限尺寸是以公称尺寸为基数来确定的，极限尺寸用于控制实际尺寸。公称尺寸和极限尺寸在设计时给定。

3．偏差与公差的相关术语及其定义

1）偏差

某一尺寸，如实际尺寸、极限尺寸等减其公称尺寸所得的代数差称为偏差。

2）极限偏差

极限尺寸减其公称尺寸所得的代数差称为极限偏差。

上极限偏差（ES、es）是最大极限尺寸减其公称尺寸所得的代数差。

孔的上极限偏差 $\qquad$ $ES = D_{\max} - D$

轴的上极限偏差 $\qquad$ $es = d_{\max} - d$

下极限偏差（EI、ei）是最小极限尺寸减其公称尺寸所得的代数差。

孔的下极限偏差 $\qquad$ $EI = D_{\min} - D$

轴的下极限偏差 $\qquad$ $ei = d_{\min} - d$

由于孔与轴配合的不同松紧要求，极限尺寸可以大于、等于或小于公称尺寸，所以极限偏差可以为正值、负值或零。极限偏差标注形式为：公称尺寸$^{上极限偏差}_{下极限偏差}$。标注时，注意下面几点原则。

（1）上极限偏差大于下极限偏差。

（2）上、下极限偏差应以小数点对齐。

（3）若上、下极限偏差为零，则应标出正负号。

（4）若偏差为零，必须在相应的位置上标注"0"，不能省略。

（5）当上、下极限偏差数值相等而符号相反时，应简化标注，如$\phi 40 \pm 0.008$。

3）实际偏差

实际尺寸减其公称尺寸所得的代数差称为实际偏差。实际偏差可以为正值、负值或零。合格零件的实际偏差应在规定的上、下极限偏差之间。

4）尺寸公差（T）

尺寸公差是允许的尺寸变动量，简称公差。它是最大极限尺寸与最小极限尺寸的代数差的绝对值，也等于上极限偏差与下极限偏差的代数差的绝对值。

$$孔的公差 \quad T_h = |D_{\max} - D_{\min}| = |ES - EI|$$

$$轴的公差 \quad T_s = |d_{\max} - d_{\min}| = |es - ei|$$

公差是设计时根据零件要求的精度（零件加工后的几何参数与理想几何参数相符合的程度），并考虑加工的经济性，对尺寸的变动范围给定的允许值。公差用以限制误差（加工误差不可避免，$T \neq 0$）。公称尺寸相同的零件，给定公差值越大，制造越容易。

图1-36为上述术语的图解。需要说明的是，这里的孔和轴是广义的，孔通常指工件的圆柱形内尺寸要素，也包括非圆柱形内尺寸要素（由两平行平面或切面形成的包容面，内部无材料）；轴通常指圆柱形外尺寸要素，也包括非圆柱形外尺寸要素（由两平行平面或切面形成的被包容面，外部无材料）。

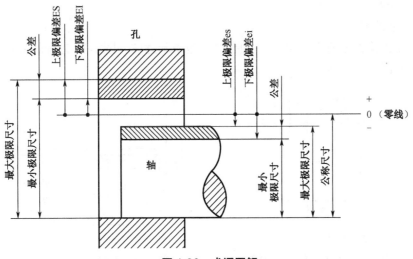

图 1-36　术语图解

📝 **练一练** ──○

根据表 1-11 和表 1-12 中给定的尺寸进行计算，并填写相应的数值。

表 1-11　尺寸与公差的计算

尺寸		$\phi48h7$	R10	$14^{+0.1}_{0}$	计算方法
公称尺寸（D、d）					
极限偏差	上极限偏差（ES、es）				
	下极限偏差（EI、ei）				
实际偏差					
公差（T_h、T_s）					
极限尺寸	最大极限尺寸（D_{max}、d_{max}）				
	最小极限尺寸（D_{min}、d_{min}）				
提取组成要素的局部尺寸（D_a、d_a）					
零件合格条件					

表 1-12　尺寸计算表

	$25^{0}_{-0.025}$	$\phi38^{0}_{-0.025}$	45 ± 0.04	$34^{0}_{-0.025}$
公称尺寸				
最大极限尺寸				
最小极限尺寸				
上极限偏差				
下极限偏差				
公差				

4．公差带及公差带图

1）尺寸公差带

尺寸公差带简称公差带。图 1-37 为孔的公差带示意图，图 1-38 为轴的公差带示意图。公差带图解如图 1-39 所示。

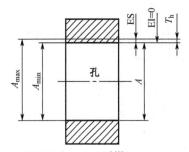

孔的尺寸 $\phi 50H8(^{+0.039}_{0})$，$A = 50$

图 1-37　孔的公差带示意图

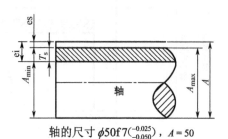

轴的尺寸 $\phi 50f7(^{-0.025}_{-0.050})$，$A = 50$

图 1-38　轴的公差带示意图

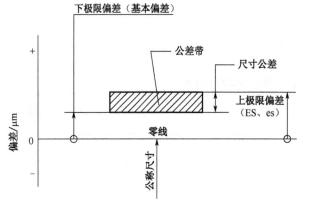

图 1-39　公差带图解

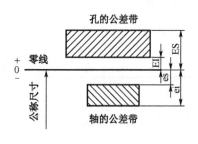

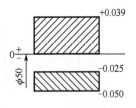

图 1-40　公差带图示例

2）公差带图

为了便于分析，一般将尺寸公差与公称尺寸的关系按放大比例画成简图，称为公差带图。在公差带图中，上、下极限偏差的距离应成比例，公差带方框的左右长度根据需要任意确定。一般用斜线表面表示孔的公差带，反向斜线表面表示轴的公差带。通常以零线表示公称尺寸，以其为基准确定偏差和公差。正偏差位于其上，负偏差位于其下。如图 1-40 所示为公差带图示例。

二、标准公差与基本偏差

公差带是由标准公差和基本偏差两个基本要素确定的。标准公差确定公差带的大小，基本偏差确定公差带相对于零线的位置。

1．标准公差

标准公差是由国家标准规定，用于确定公差带大小的任一公差。公差等级确定了尺寸的精确程度，也反映了加工的难易程度。国家标准把公差分为 20 个等级，其代号由符号 IT 和阿拉伯数字组成，IT 表示标准公差，数字表示具体等级。这 20 个公差等级分别为 IT01、

IT0、IT1～IT18。其中，IT01 精度最高，其余依次降低，IT18 精度最低。而同一公称尺寸的标准公差值随公差等级的降低依次增大，即 IT01 公差值最小，IT18 公差值最大。标准公差数值见附表 1。

2．基本偏差

基本偏差是用以确定公差带相对于零线位置的上极限偏差或下极限偏差，一般指靠近零线的那个偏差。根据实际需要，国家标准分别对孔和轴规定了 28 个不同的基本偏差（图 1-41）。轴和孔的基本偏差数值见附表 2 和附表 3。

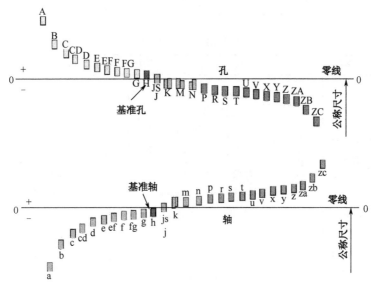

图 1-41　基本偏差

三、未注尺寸公差

在零件图上只标注公称尺寸而不标注极限偏差的尺寸称为未注公差尺寸，这类尺寸主要用于某些非配合尺寸。未注公差尺寸同样是有公差要求的，国家标准 GB/T 1804—2000 对这类尺寸的极限偏差作了较简明的规定，把这类公差称为一般公差。一般公差是普通工艺条件下的经济加工精度。未注公差的线性尺寸的极限偏差数值见附表 4。未注公差尺寸在图形上不标注公差，目的是突出标注公差的重要尺寸，以保证图样清晰，但在技术要求中须作如下说明："线性尺寸的未注公差为 GB/T 1804—m"。

四、基准制与配合

在机器装配中，将公称尺寸相同、相互结合的孔和轴公差带之间的关系称为配合。

1．配合的类型

根据机器的设计要求和生产实际的需要，国家标准将配合分为三类，具体见表 1-13。

间隙配合：

$$最大间隙 \quad X_{\max} = \mathrm{ES} - \mathrm{ei}$$
$$最小间隙 \quad X_{\min} = \mathrm{EI} - \mathrm{es}$$
$$配合公差 \quad T_{\mathrm{f}} = |\, X_{\max} - X_{\min} \,|$$

过盈配合：

最小过盈　　$Y_{min} = ES - ei$

最大过盈　　$Y_{max} = EI - es$

配合公差　　$T_f = |Y_{max} - Y_{min}|$

过渡配合：

最大间隙　　$X_{max} = ES - ei$

最大过盈　　$Y_{max} = EI - es$

配合公差　　$T_f = |X_{max} - Y_{max}|$

表 1-13　配合的类型

术　语	定义与特征	图　例
配合性质	间隙配合 具有间隙（包括最小间隙为零）的配合，其特征是孔的尺寸减去与其配合的轴的尺寸所得的值为正值	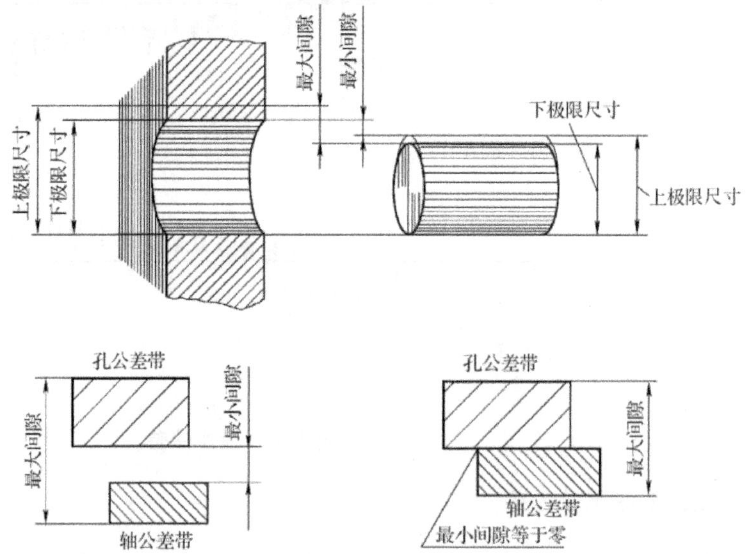
	过盈配合 具有过盈（包括过盈量最小等于零）的配合，其特征是孔的尺寸减去与其配合的轴的尺寸所得的值为负值	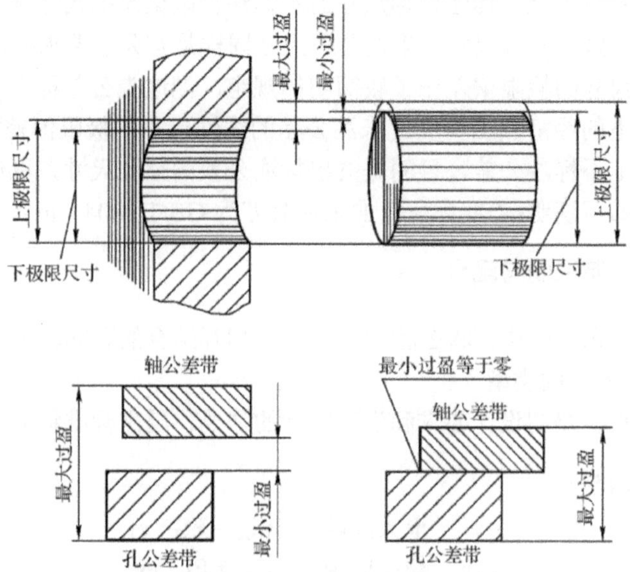

术　语		定义与特征	图　例
配合性质	过渡配合	可能具有间隙，也可能具有过盈的配合	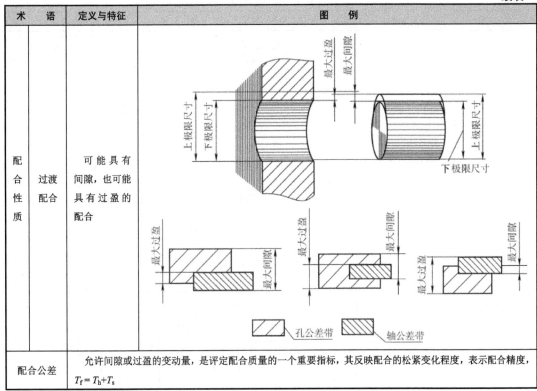
配合公差			允许间隙或过盈的变动量，是评定配合质量的一个重要指标，其反映配合的松紧变化程度，表示配合精度，$T_\mathrm{f} = T_\mathrm{h} + T_\mathrm{s}$

2．配合的基准制

国家标准规定了两种基准制，见表1-14。

3．公差与配合的选用

1）选用优先公差带和优先配合

国家标准根据机械工业产品生产和使用的需要，考虑到定值刀具、量具的统一，规定了一般用途孔公差带105种、轴公差带119种，以及优先选用的孔、轴公差带。国家标准还规定了孔、轴公差带中基孔制常用配合5种、优先配合13种，见附表5；基轴制常用配合47种、优先配合13种，见附表6。应尽量选用优先配合和常用配合。

2）优先选用基孔制

一般情况下优先选用基孔制。这样可以限制定值刀具、量具的规格和数量。基轴制通常仅用于有明显经济效果和结构设计要求不适合采用基孔制的场合。例如，使用一根冷拔圆钢做轴，轴与几个具有不同公差带的孔配合，采用基轴制，轴就不用另行机械加工。一些标准滚动轴承的外圈与孔的配合，也采用基轴制。

3）选用孔比轴低一级的公差等级

在保证使用要求的前提下，为减少加工量，应当选用最大的公差值。加工孔较困难，一般在配合中选用孔比轴低一级的公差等级，如H6/h7。

表 1-14 基准制

术 语		定义与特征	图 例
配合制度	基孔制	基本偏差代号为 H 的孔与不同基本偏差的轴的公差带组成的配合	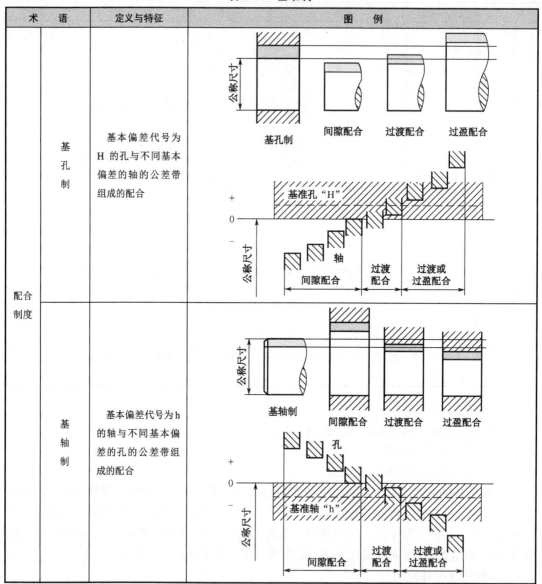
	基轴制	基本偏差代号为 h 的轴与不同基本偏差的孔的公差带组成的配合	

任务实施

一、根据被测孔径安装与调整内径百分表

（1）按图 1-42 所示，将百分表装入量杆内，预压 0.15～0.3mm，使小指针指在 0～1 的位置上，旋紧锁紧螺母。

（2）根据被测零件公称尺寸选择合适的可换测头装入量杆的头部，并用专用扳手拧紧锁紧螺母。注意可换测头与活动测头之间的长度须大于被测尺寸 0.3～0.5mm，以确保测量时活动测头能在公称尺寸的正负一定范围内自由运动。

（a）插装　　　　　　　　（b）预压　　　　　　　　（c）锁紧

图 1-42　内径百分表安装示意图

二、校对内径百分表的零位

内径百分表使用前应按图 1-43 检验。内径百分表是用相对法测量的器具，故在使用前必须用其他量具根据被测零件的公称尺寸校对内径百分表的零位。

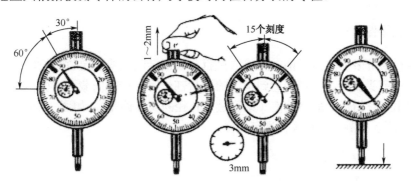

（a）指针应转动灵活　　（b）检查稳定性　　（c）检查百分指针　　（d）检查测量杆的行程
　　并在规定的位置范围之内　　　　　　　　　和转速指针的关系

图 1-43　检验内径百分表

1. 用量块校对零位

按被测零件的公称尺寸组合量块并装夹在量块的附件中，将内径百分表的两测头放在量块附件两量脚之间，摆动量杆使百分表读数最小，此时可转动百分表的滚花环，将刻度盘的零刻线转到与百分表的长指针对齐。

此方法能保证校对零位的准确度及内径百分表的测量精度，但其操作比较麻烦，且对量块的使用环境要求较高。

2. 用标准环规校对零位

按被测零件的公称尺寸选择名义尺寸相同的标准环规，按标准环规的实际尺寸校对内径百分表的零位，如图 1-44 所示。

此方法操作简单，并能保证校对零位的准确度。因校对零位须制造专用的标准环规，故此方法只适合检测生产批量较大的零件。

3. 用外径千分尺校对零位

按被测零件的公称尺寸选择测量范围合适的外径千分尺，将外径千分尺调至被测零件的公称尺寸，把内径百分表的两个测头放在外径千分尺两测砧之间校对零位，如图 1-45 所示。

图1-44　用标准环规校对零位

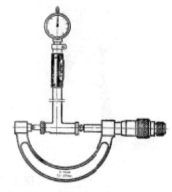

图1-45　用外径千分尺校对零位

此方法受外径千分尺精度的影响，故其校对零位的准确度和稳定性不高，从而降低了内径百分表的测量精度。但此方法易于操作和实现，常用于生产现场对精度要求不高的单件或小批量零件的检测。

三、测量零件尺寸

手握内径百分表的隔热手柄，先将内径百分表的活动测头和定位护桥轻轻压入被测孔中，再将可换测头放入。当测头达到指定的测量部位时，在轴向截面内微微摆动内径百分表，同时读出指针指示的最小数值（该测量点孔径的实际偏差），如图1-46（a）所示。按图1-46（b）所示的测量点对零件进行测量。

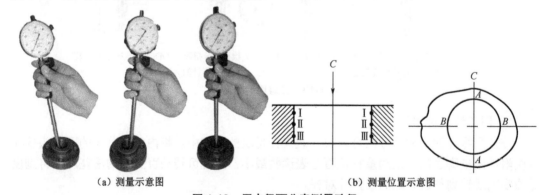

（a）测量示意图　　　　　　　　　　　　　　　（b）测量位置示意图

图1-46　用内径百分表测量孔径

四、存放测量器具

测量后将内径百分表擦拭干净，存放在专用盒内。

💡 **小提示**

1. 测量时，不可用力过大或过快地按压活动测头，不能让表头受到剧烈振动。

2. 内径百分表应轻拿轻放，并经常校对零位，防止尺寸变动。

3. 读数时，要正确判断实际偏差的正负，表针按顺时针方向偏转未达到零点的读数为正值，超过零点的读数为负值。

4. 装卸表头时，要松开锁紧螺母，不可硬性插入或拔出。

五、填写测量报告

测量报告见表1-15。

表1-15 用内径百分表测量孔径的报告

测量器具	内径百分表　　测量范围＿＿＿＿mm　　分度值＿＿＿＿mm					
被测零件						
测量部位 $\phi30^{+0.033}_{0}$	截面1		截面2		截面3	
	$A—A$	$B—B$	$A—A$	$B—B$	$A—A$	$B—B$
实际偏差						
测量结果	合理性判断					
	判断理由					

六、成果交流

（1）用内径百分表测量孔径的方法属于相对测量法还是绝对测量法？

（2）在校对内径百分表零位和读数时，指针转折点取最大值还是最小值？

（3）交流内径百分表的测量步骤和方法。

（4）测量过程中出现过哪些问题？这些问题又是如何解决的？

任务实施评价

根据任务实施情况，认真填写附录3所示的评价表。

想想练练

1. 解读表1-16中的配合项目。

2. 画出表1-16中两种配合的公差带图。

3. 查阅相关资料，并填写表1-17。

4. 公差带的大小由＿＿＿＿＿＿决定，公差带的位置由＿＿＿＿＿＿＿决定。

5. 标准公差分＿＿＿＿＿＿级，最高等级为＿＿＿＿＿＿。

6. 用内径百分表测量孔径的方法属于＿＿＿＿＿＿＿＿＿测量法。（填"绝对"或"相对"）

7. 用内径百分表测量孔径时，在＿＿＿＿＿＿＿＿＿＿＿＿＿＿＿＿＿＿＿＿＿＿＿＿＿＿＿＿＿＿＿＿＿＿＿＿＿

情况下，读数为正值；在＿＿＿＿＿＿＿＿＿＿＿＿＿＿＿＿＿＿＿＿＿＿＿＿＿＿＿＿情况下，读数是负值。

8．简述内径百分表的安装及使用方法。

表 1-16　线性尺寸配合项目解读

测量项目	$\phi12H7 / g6$		$\phi40F8 / h6$	
	孔 $\phi12H7$	轴 $\phi12g6$	孔 $\phi40F8$	轴 $\phi40h6$
公称尺寸				
上极限尺寸				
下极限尺寸				
上极限偏差				
下极限偏差				
尺寸公差				
合格条件				
基准制				
配合类型				
X_{max}（Y_{min}）				
X_{min}（Y_{max}）				
配合公差				

表 1-17　尺寸计算表

尺　寸	公称尺寸	极限偏差		公　差	极限尺寸	
		上极限偏差	下极限偏差		下极限尺寸	上极限尺寸
$\phi38JS8$						
$\phi40H7$						
$\phi38h7$						
$\phi54F7$						
$\phi34k7$						

任务四　用量规检测零件

任务引入

　　就检测效率而言，大批量生产的零件已经不适合用内径百分表进行孔径的检测，这时可以考虑用光滑极限量规对外圆和内孔进行检验。

　　光滑极限量规（简称量规）是一种没有刻线的专用测量器具，它不能测出零件尺寸的大小，只能确定被测零件尺寸是否在规定的极限尺寸范围内，从而判断零件是否合格。用量规检测方便简单，效率高。本任务中让我们一起学习如何用量规检测零件。

任务目标

◆ **知识目标**

（1）掌握配合的分类和性质，会查阅相关资料。

（2）熟悉量规的分类及特点。

（3）掌握量规的使用方法。

◆ **技能目标**

（1）能正确使用量规对零件进行定性测量。

（2）能根据零件要求选用测量工具。

器材准备

（1）被测零件：螺纹轴（图1-47）。

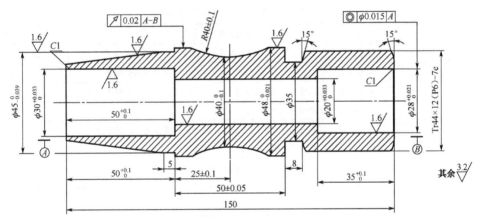

图 1-47　螺纹轴

（2）测量器具：塞规（图1-48）。

图 1-48　塞规

知识链接

一、配合

机器装配中，为了满足各种使用要求，零件装配后必须达到设计给定的松紧程度。将公称尺寸相同、相互结合的孔和轴公差带之间的关系称为配合。

1．配合代号

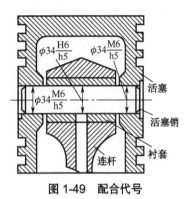

图 1-49　配合代号

如图 1-49 所示，装配图样中经常出现类似 $\phi34H6/h5$ 的尺寸标注形式，这就是配合代号，它是由公称尺寸、孔公差带代号和轴公差带代号组成的。

2．配合性质及配合制度

当改变配合的孔和轴的公差带位置时，必然会引起配合松紧程度的变化。国家标准把配合分为间隙配合、过渡配合和过盈配合三种。在实际应用中，通常先固定孔和轴的公差带位置中的一个，通过改变另一个来得到不同的配合，这种方法就称为配合制度，分为基孔制和基轴制。配合制度与配合性质的具体内容见表 1-18。

表 1-18　配合制度与配合性质

术　　语		定义与特征	示　　例
配合制度	基孔制	基本偏差代号为 H 的孔与不同基本偏差的轴的公差带组成的配合	$\phi25H8/f7$
	基轴制	基本偏差代号为 h 的轴与不同基本偏差的孔的公差带组成的配合	$\phi60R6/h5$
配合性质	间隙配合	具有间隙（包括最小间隙为零）的配合，其特征是孔的尺寸减去与其配合的轴的尺寸所得的值为正值	$\phi25H8/f7$
	过盈配合	具有过盈（包括过盈量最小等于零）的配合，其特征是孔的尺寸减去与其配合的轴的尺寸所得的值为负值	$\phi60R6/h5$
	过渡配合	可能具有间隙，也可能具有过盈的配合	$\phi30H7/k6$
配合公差		允许间隙或过盈的变动量，是评定配合质量的一个重要指标，其反映配合的松紧变化程度，表示配合精度，$T_f = T_h + T_s$	

配合制度示意图如图 1-50 所示。

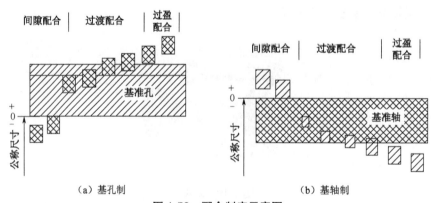

（a）基孔制　　　　　　　　　　（b）基轴制

图 1-50　配合制度示意图

3．配合公差带图

1）间隙配合

孔的公差带在轴的公差带上方，其特征是出现最大间隙 X_{max} 和最小间隙 X_{min}，如图 1-51 所示。

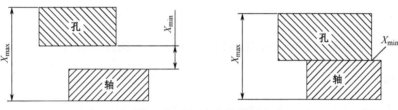

图 1-51　间隙配合公差带示意图

【例题】画出 $\phi25^{+0.021}_0$ 的孔与 $\phi25^{-0.020}_{-0.033}$ 的轴配合的公差带图，并计算配合的最大和最小间隙。

解：画出配合公差带图，如图 1-52 所示。

最大间隙 X_{max} = ES − ei =（+ 0.021）−（− 0.033）= +0.054mm

最小间隙 X_{min} = EI − es = 0 −（− 0.020）= +0.020mm

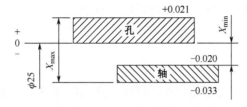

图 1-51　配合公差示意图

2）过盈配合

孔的公差带在轴的公差带下方，其特征是出现最大过盈 Y_{max} 和最小过盈 Y_{min}，如图 1-53 所示。

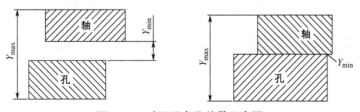

图 1-53　过盈配合公差带示意图

📝 **练一练**

画出 $\phi32^{+0.025}_0$ 的孔与 $\phi32^{+0.042}_{+0.026}$ 的轴配合的公差带图，并计算配合的最大和最小过盈及配合公差。

3）过渡配合

孔的公差带与轴的公差带相互重叠，其特征是出现最大间隙 X_{min} 和最大过盈 Y_{max}，如图 1-54 所示。

图 1-54　过渡配合公差带示意图

📝 **练一练**

画出配合代号为 $\phi 50H7/n6$ 的公差带图，并计算配合的特征值及配合公差。

二、量规

零件尺寸测量器具一般可分为两大类：一类是前面学过的通用测量器具，如游标卡尺、千分尺等，它们是有刻线的量具，能测出零件尺寸的大小；另一类是量规，它们是没有刻线的专用测量器具，不能测出零件尺寸的大小，只能确定被测零件尺寸是否在规定的极限尺寸范围内，从而判断零件是否合格。在大批量生产时，用量规检测简单方便、效率高、省时可靠，所以应用广泛。量规可按以下方法分类。

1．按具体用途分类

工作量规：生产者在加工过程中用来检验工件的量规。

验收量规：检验员或用户验收产品时使用的量规。

校对量规：检验工作量规时使用的量规。

2．按检验对象分类

1）塞规

塞规是检验孔的量规，由通端和止端组成（通端用 T 表示，止端用 Z 表示）。通端按照被测孔的下极限尺寸制作，止端按照被测孔的上极限尺寸制作，如图 1-55 所示。

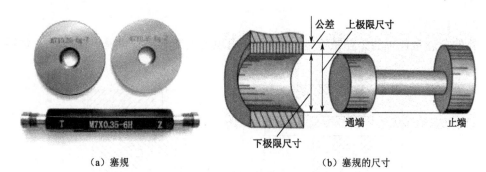

（a）塞规   （b）塞规的尺寸

图 1-55 塞规及其尺寸

2）卡规或环规

卡规或环规是检验轴的量规，由通端和止端组成。通端按照轴的上极限尺寸制作，止端按照轴的下极限尺寸制作，如图 1-56 所示。

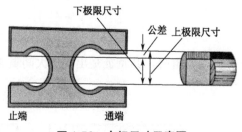

图 1-56 卡规尺寸示意图

用卡规测量时，卡规应垂直于被测零件的轴线。轻握卡规，使卡规的通端在零件上滑过，止端只与被测零件接触而不滑过，如图 1-57 所示。

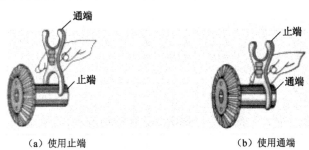

（a）使用止端　　　　　　　　　　　（b）使用通端

图 1-57　卡规的使用方法

任务实施

一、测量前

（1）根据被测孔径选用合适的塞规。

（2）检查所用塞规与被测零件图样上标注的尺寸、公差是否相符。

（3）检查塞规是否在检定周期内。

（4）检查塞规的测量面有无毛刺、划伤、锈蚀等缺陷。

（5）检查被测零件表面有无毛刺、棱角等缺陷。

二、测量中

（1）凡通端能通过、止端不能完全通过的零件属于合格产品（通端和止端要联合使用）。

💡 **小提示**

不要弄反通端和止端。

（2）检验时应保证塞规的轴线与被测零件孔的轴线一致，并以适当的接触力接触（用较大的力强推、强压塞规都会造成塞规不必要的损伤），使通端自由出入被测零件孔，止端不能进入被测零件孔（图 1-58 和图 1-59）。

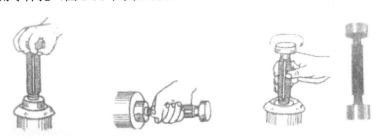

图 1-58　通端　　　　　　　　　　　图 1-59　止端

💡 **小提示**

塞规的通端不能在孔内转动。

三、测量后

将塞规擦拭干净并涂上防锈油，存放在专用盒内。

四、填写测量报告

测量报告见表 1-19。

表 1-19　用塞规测量孔径的报告

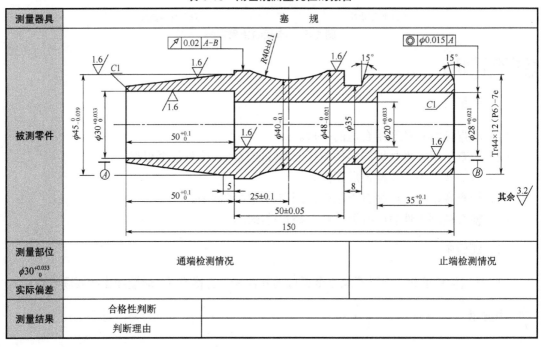

测量器具	塞规	
被测零件		
测量部位 $\phi 30^{+0.033}_{0}$	通端检测情况	止端检测情况
实际偏差		
测量结果	合格性判断	
	判断理由	

五、成果交流

（1）量规有哪几种类型？

（2）如何用塞规检测孔是否合格？

（3）用塞规测量时要注意哪些事项？

任务实施评价

根据任务实施情况，认真填写附录 3 所示的评价表。

想想练练

1．查阅相关资料，并填写表 1-20。

表 1-20　尺寸计算表

配合代号	配合性质	孔的极限偏差		轴的极限偏差		配合特征值
		上极限偏差	下极限偏差	上极限偏差	下极限偏差	
ϕ40H7/g6						
ϕ50H8/m7						
ϕ30JS8/h7						
ϕ25F7/h6						
ϕ20H8/k7						

2．画出配合代号为ϕ30JS8/h7 的公差带图。

3．配合制度有_____和_____两种。

4．量规按用途分为_____、_____、_____，工人生产中使用的是_____。

5．用塞规检测孔合格的条件是_____，用卡规检验轴合格的条件是_____。

6．孔用通规的尺寸由_____确定，孔用止规的尺寸由_____确定。轴用通规的尺寸由_____确定，轴用止规的尺寸由_____确定。

任务五　角度和锥度的测量

任务引入

锥度是各种机械零件的常见结构，如车床、铣床上夹持刀具的莫氏锥孔，改变机械运动方向的锥齿轮，模具制作中广泛使用的圆锥销等。因此，锥度尺寸直接影响刀具夹持的可靠性、机械运动的稳定性、机械零件连接的牢固性等，在实际加工过程中必须加强检测，控制尺寸精度。

任务目标

◈ **知识目标**

（1）识读零件图上的锥度和角度尺寸。

（2）了解圆锥知识。

（3）了解各类标准锥度和相关计算。

◈ **技能目标**

（1）掌握角度样板、锥度量规、万能角度尺和正弦规的使用方法。

（2）会收集与处理锥度测量数据。

（3）会判断锥度尺寸合格性。

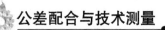
器材准备 ▌▌▌

（1）被测零件：螺纹车刀、三角尺、标准圆锥、莫氏锥柄。

（2）测量器具：正弦规[图 1-60（a）]、锥度量规[图 1-60（b）]、角度样板、量块[图 1-60（c）]、万能角度尺。

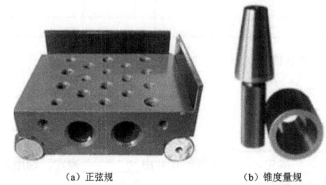

（a）正弦规　　　　　　　（b）锥度量规　　　　　　　（c）量块

图 1-60　锥度量具

知识链接 ▌▌▌

一、圆锥面的应用及特点

在机床和工具中，有许多使用圆锥面配合的地方，如图 1-61 所示。圆锥面的主要特点包括：当圆锥角较小（小于 3°）时，可以传递较大扭矩；同轴度较高，能做到无间隙配合。

圆锥面除了对尺寸精度、形位精度和表面粗糙度有较高要求外，对角度（或锥度）的精度也有较高要求。对于精度要求较高的圆锥面，常用涂色法检验，其精度以接触面积的大小来评定。

二、圆锥参数及其计算

圆锥表面是由与轴线成一定角度且一端与轴线相交的一条直线段（母线），绕轴线旋转一周所形成的表面，如图 1-62（a）所示。由圆锥表面与一定轴向尺寸、径向尺寸所限制的几何体，称为圆锥。圆锥分为外圆锥和内圆锥，如图 1-62（b）和图 1-62（c）所示。

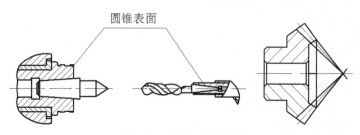

图 1-61　常用圆锥面示例

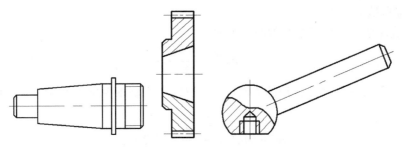

图 1-61　常用圆锥面示例（续）

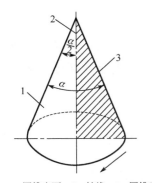

1—圆锥表面；2—轴线；3—圆锥素线

（a）圆锥表面的形成

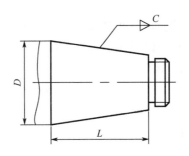

（b）外圆锥

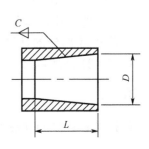

（c）内圆锥

图 1-62　圆锥和圆锥表面

1. 圆锥的基本参数（图 1-63）

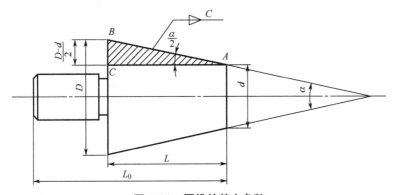

图 1-63　圆锥的基本参数

（1）圆锥角 α 是在通过圆锥轴线的截面内，两条素线之间的夹角。机械加工用中常用的是圆锥半角 $\alpha/2$。

（2）最大直径 D。

（3）最小直径 d。

（4）圆锥长度 L 是最大直径与最小直径之间的轴向距离。

（5）锥度 C 是圆锥最大、最小直径之差与长度之比，即

$$C = \frac{D-d}{L}$$

2. 圆锥参数的计算

圆锥半角 $\alpha/2$ 和其他三个参数的关系如下：

$$\tan\frac{\alpha}{2}=\frac{D-d}{2L}$$

应用此计算方法需要查三角函数表，比较麻烦。当圆锥半角小于 6°时，可以采用下列近似计算公式。

$$\alpha/2\approx28.7\times\frac{D-d}{L}\approx28.7\times C$$

采用近似计算公式计算圆锥半角时，应注意以下几点。

（1）圆锥半角应小于 6°。

（2）计算结果的单位是"度"，其小数部分是十进位的，而度、分、秒是六十进位的，应将小数部分的计算结果转化成度、分、秒。例如，2.35°的小数部分应转化为 $60\times0.35=21'$，所以结果为 2° 21'。

 练一练

计算图 1-64 中的圆锥半角。

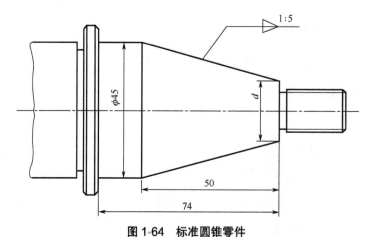

图 1-64　标准圆锥零件

三、标准圆锥

为了制造和使用方便，降低生产成本，常用工具、刀具的圆锥都已标准化，使用时只要符合标准，就可以互换。常用标准工具圆锥有以下两种。

1. 莫氏圆锥

莫氏圆锥是机加工中的国际标准，用于旋转体的精密固定。它利用摩擦力来传递一定的扭矩，拆卸简便，且重复拆卸不会影响精度。

莫氏圆锥分为长锥和短锥，长锥用于机床本体的连接，传递的力矩较大，有 0、1、2、3、4、5、6 共七个号，最小的是 0 号，最大的是 6 号。莫氏圆锥号码不同，圆锥的尺寸和圆锥半角也不同。

2. 米制圆锥

米制圆锥分 4 号、6 号、80 号、100 号、120 号、140 号、160 号和 200 号八种，其中

140 号较少采用，其号码表示的是大端直径，锥度固定不变，即 C=1：20。例如，200 号米制圆锥的大端直径是 ϕ200mm，锥度是 1：20。米制圆锥的优点是锥度不变，方便记忆。

任务实施

一、用角度样板检测角度

1．任务分析

任务内容是用角度样板（图 1-65）检测螺纹车刀的角度和对刀。角度样板在角度和锥度测量中属于直接检测工具，常用于检验螺纹车刀、成形刀具及零件上的斜面或倒角等。

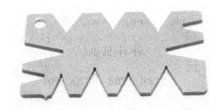

图 1-65　角度样板

2．实施步骤

1）刃磨时检测

刃磨螺纹车刀时，为了保证磨出准确的刀尖角，可用角度样板测量，如图 1-66 所示。测量时使刀尖角与角度样板贴合，角度样板应与车刀底面平行，对准光源用透光法检查，仔细观察两边贴合的间隙，并进行修磨。

2）对刀时检测

安装螺纹车刀时刀尖对准工件中心，用角度样板对刀，以保证刀尖角的角平分线与工件的轴线相垂直，这样车出的牙型才不会偏斜，如图 1-67 所示。

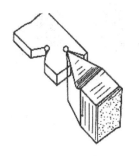

图 1-66　测量螺纹车刀角度

角度样板

图 1-67　用角度样板对刀

二、用万能角度尺测量角度

1．任务分析

任务内容是用万能角度尺测量学生用三角尺的角度。

万能角度尺是一种结构简单的通用角度量具，常用来测量精密零件内外角度或进行角度划线。其读数原理为游标读数原理，其结构如图 1-68 所示。利用基尺、角尺、直尺的不同组合，可进行 0°～320° 范围内角度的测量。利用图 1-69（a）所示的组合可以测量 0°～50° 的角度，利用图 1-69（b）所示的组合可以测量 50°～140° 的角度，利用图 1-68（c）所示的组合可以测量 140°～230° 的角度，利用图 1-69（d）所示的组合可以测量 230°～320° 的角度。

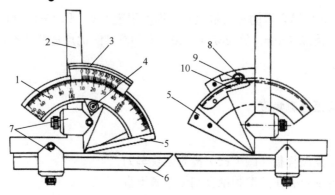

1—尺身；2—角尺；3—游标；4—止动器；5—基尺；6—直尺；

7—夹块；8—扇形板；9—小齿轮；10—扇形齿轮

图 1-68　万能角度尺的结构

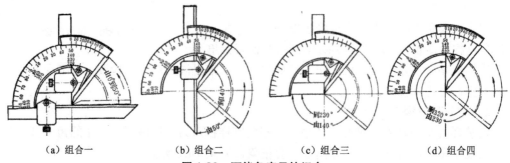

（a）组合一　　　　（b）组合二　　　　（c）组合三　　　　（d）组合四

图 1-69　万能角度尺的组合

2．实施步骤

1）测量步骤

（1）清洁、检查、校对万能角度尺。

（2）根据被测角度的大小，调整好万能角度尺，如图 1-70 所示。

（3）松开万能角度尺锁紧装置，使其两侧量边与三角尺的角度边贴紧，目测无可见光隙时锁紧并读数，如图 1-71 所示。

图 1-70　调整万能角度尺

图 1-71　测量三角尺

（4）测量完毕，用汽油把万能角度尺洗净，用干净纱布仔细擦干，涂以防锈油，然后放回盒内。

2）检测报告

仿照附录 2 自行设计检测报告，将测量数据填入其中，并进行数据处理。

三、用锥度量规检测零件锥度

1. 任务分析

任务内容为检测图 1-72 所示零件的锥度，采用 7∶24 的锥度量规进行检测。

锥度量规如图 1-73 所示，它是主要用于检测锥体工件综合误差的定性量具，既可以检测工件锥度的正确性，又可以检测工件的大、小端直径及锥度长度尺寸是否符合要求。锥度量规是具有标准锥角的圆锥体，锥体上做有缺口（或刻出控制线）。

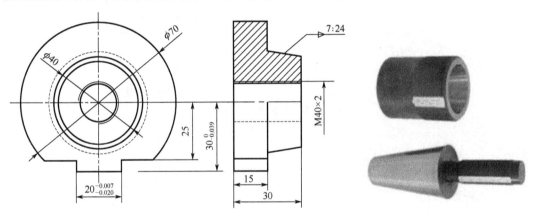

图 1-72 左旋合件　　　　　　　　　图 1-73 锥度量规

2. 实施步骤

（1）清洁、检查锥度量规[图 1-74（a）]和工件。

（2）用涂色法检测锥度。

先在圆锥体或锥度工件的外表面，顺着母线用显示剂（红丹粉）均匀地涂上三条线（在圆周方向均匀分布），如图 1-74（b）所示。然后把套规在圆锥体上转动一次，转动角度不大于 1/3 周，如图 1-74（c）所示（注意：只能顺着一个方向转动，不能来回转动或摇摆转动，轴向用力均匀，无径向摆动现象）。拿出套规，观察显示剂的擦去情况，以此判断工件锥度的正确性。接触面积越大，锥度越好，反之则不好，一般要求接触面积在 75% 以上，而且靠近大端，如图 1-74（d）所示。涂色法只能用于检验精加工表面（表面粗糙度值要小于 $Ra1.6\mu m$）。

（3）判定工件合格性。

看接触着色：如果显示剂擦去均匀，表明被测工件锥角正确。如果小端擦去，大端没有擦去，说明锥角大了；反之，说明锥角小了（此处指检测内圆锥，如果检测外圆锥，则相反）。

看刻线：工件圆锥端面位于量规基准端面上间距为 m 的两刻线之间则为合格，如图 1-75和图 1-76 所示。

只有工件锥角正确，锥孔（或锥体）的大端（或小端）直径符合公差要求，才可以认为被测工件锥度合格。

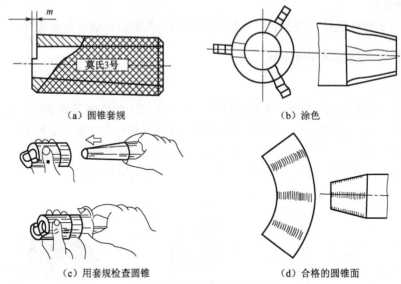

（a）圆锥套规 　　　　　　　　　　　　　　（b）涂色

（c）用套规检查圆锥 　　　　　　　　　　　（d）合格的圆锥面

图 1-74　用涂色法检测圆锥

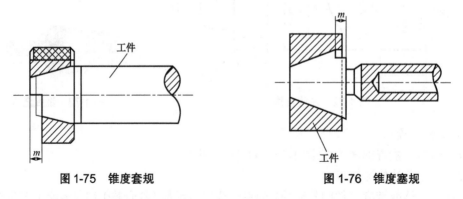

图 1-75　锥度套规　　　　　　　　　图 1-76　锥度塞规

（4）量规用毕，应用酒精棉将显示剂擦去，涂上防锈油，放入盒中保存。

📝 **练一练**

检测图 1-77 所示左支承件的锥度是否合格。

四、用正弦规测量锥度

1．任务分析

正弦规是以间接法测量角度的常用量具之一，常用于检验零件及量规的角度和锥度。它是利用三角函数的正弦关系来测量的，故称正弦规、正弦尺或正弦台，如图 1-78（a）所示。本任务使用正弦规来测量锥度塞规，如图 1-78（b）所示。

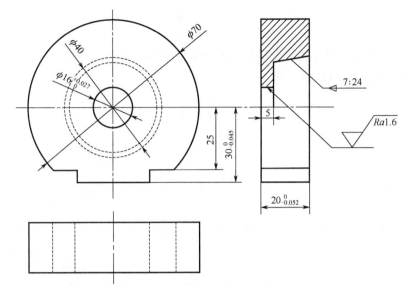

图 1-77　左支承件

（a）正弦规

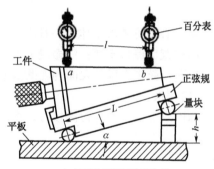

（b）用正弦规测量锥度塞规

图 1-78　正弦规及其测量示意图

2．实施步骤

1）测量步骤

（1）清洁、检查锥度塞规、正弦规、量块和百分表等。

（2）根据被测塞规的圆锥角 α，按公式 $H = L \times \sin\alpha$ 计算垫块的高度 H，选择合适的量块组合好作为垫块。

（3）将组合好的量块按图 1-78（b）所示放在正弦规一端的圆柱下面，然后将被测塞规平稳地放在正弦规的工作台上。

（4）用带表架的百分表测量 a、b 两点（距离不小于 2mm）。测量时，应找到被测圆锥素线的最高点，并记下读数。

（5）按上述步骤，将被测塞规转过一定角度，在 a、b 两点分别测量三次，取平均值后计算 a、b 两点的高度差 A。然后测量 a、b 两点之间的距离 l，并记录数值。

上面是外圆锥体圆锥角的测量过程。内圆锥体圆锥角的测量过程和外圆锥体基本相同，所不同的是量块组尺寸应按圆锥半角（$\dfrac{\alpha}{2}$）计算，即

$$h = L \times \sin\frac{\alpha}{2}$$

用正弦规测量内圆锥体时，圆锥角的测量和求解原理是"三角形的外角等于其不相邻两内角之和"。如图 1-79 所示，有

$$\alpha = \frac{\alpha_1}{2} + \frac{\alpha_2}{2}$$

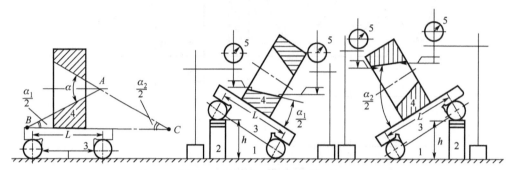

1—平板；2—量块组；3—正弦规；4—被测圆锥量规；5—测微表

图 1-79　内圆锥体的测量

测量时必须将内圆锥体用夹具固定在正弦规上，而且在整个测量过程中内圆锥体在正弦规上的位置应保持不变；测微表上加了一个杠杆，测微表的读数符号与实际符号相反；内圆锥体在正弦规上以外表面为辅助基准的安装误差，对圆锥角的测量精度没有影响。

2）检测报告

仿照附录 2 自行设计检测报告，将测量数据填入其中，并进行数据处理。

加油站

其他角度量具

1．90°角尺

90°角尺（图 1-80）是常用的直角测量工具，分为宽座角尺和刀口形直尺等。刀口形直尺是一种高准确度的角度计量标准器具，主要用于检验直角、垂直度和平行度误差，如仪器、机床等纵横向导轨的垂直度误差、平行度误差等，它是检验和划线工作中常用的量具。

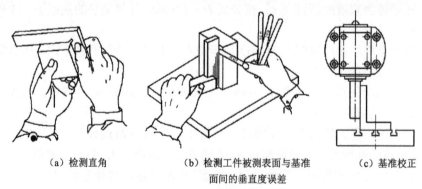

（a）检测直角　　　　　　（b）检测工件被测表面与基准　　　　（c）基准校正
　　　　　　　　　　　　　　　面间的垂直度误差

图 1-80　90°角尺测量图

使用 90°角尺时须注意以下几点。

（1）使用前，应检查角尺各工作面和边缘是否被碰伤，并将工作面和被测表面擦洗干净。

（2）测量时，应注意角尺的安放位置，不要歪斜。观察角尺工作面与工件贴合间隙的透光情况，当看不见透光时，间隙大于 0.5μm 而小于 3μm。也可以用塞尺检测角尺工作面与工件的贴合情况。

（3）使用和存放时，应注意防止角尺工作边弯曲变形。

2．角度量块

角度量块是在两个具有研合性的平面间形成准确角度的量规，如图 1-81 所示。利用角度量块附件把不同角度的量块研合组成需要的角度，常用于检定角度样板和万能角度尺等，也可直接测量精密模具零件的角度。

图 1-81　角度量块

任务实施评价

根据任务实施情况，认真填写附录 3 所示的评价表。

想想练练

1．某零件的锥角 $\alpha = 30° \, 2'$，在中心距 $C = 100\text{mm}$ 的正弦规上测量。

（1）求应垫量块组高度 H。

（2）若从百分表读出锥体素线长度 $l = 60\text{mm}$ 时，其两端数值为 $M_a = 5\mu\text{m}$ 和 $M_b = -10\mu\text{m}$，求零件的实际锥角。

2．假设某万能铣床主轴圆锥孔与铣刀杆圆锥柄的配合参数为 $C = 7 : 24$，配合长度 $H = 100\text{mm}$，圆锥最大直径 $D_i = D_e = 69.85\text{mm}$。铣刀杆安装后，位于大端的基面距允许在 ±0.4mm 范围内变动。试确定圆锥孔和圆锥柄的公差（假设内、外圆锥公差带对称分布）。

解题参考：影响基面距的因素主要有两个，即轴径尺寸误差和锥度误差。因题中已知圆锥孔与圆锥柄的配合参数值即锥度值，故本题只考虑轴径尺寸误差。

项目二

零件形状公差与测量

在加工过程中，由于机床精度、加工方法等多种因素的影响，零件的表面、轴线、中心对称平面等的实际形状和位置相对于所要求的理想形状和位置存在着误差，这类误差称为形状和位置误差，简称形位误差。

和尺寸误差一样，零件形位误差的检测和评定是产品检验中非常重要的项目。零件形位误差对产品的工作精度，运动件的平稳性、耐磨性、润滑性，以及连接件的强度和密封性都会造成很大的影响。本项目将介绍形状公差的相关知识，以及常用的形状误差检测和评定方法。

任务一　用水平仪测量直线度误差

任务引入

在工业生产中，人们除了关心被加工零件或产品的尺寸误差是否在设计公差之内，还关心产品或零件的几何形状是否符合设计要求，如机床导轨是否平直。那么如何评判机床导轨是否平直呢？让我们一起来探究吧。

任务目标

◆ **知识目标**

（1）熟悉形位公差的标注方法。

（2）掌握形位公差的相关概念。

（3）掌握水平仪的结构及工作原理。

（4）掌握直线度误差常用的测量及评定方法。

◆ **技能目标**

（1）能正确使用框式水平仪或光学合像水平仪进行直线度误差的测量。

（2）能对测量数据进行处理及评定。

器材准备 ||||

（1）被测零件：车床导轨（图2-1）。

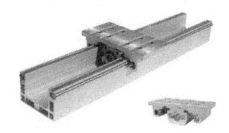

图 2-1　车床导轨

（2）测量器具：框式水平仪（图2-2）、光学合像水平仪（图2-3）。

图 2-2　框式水平仪

图 2-3　光学合像水平仪

知识链接 ||||

一、零件的几何要素

任何零件都是由点、线、面组合而成的，这些构成零件几何特征的点、线、面称为零件的几何要素，如图 2-4 所示。

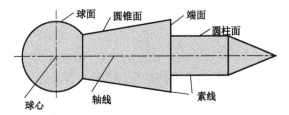

图 2-4　零件的几何要素示意图

对形位误差的检测实际上就是对有形位公差要求的这些零件的几何要素的检测和评

定。零件几何要素的分类见表 2-1。

表 2-1　零件几何要素的分类

分类方法	要素名称	含义及特征
按存在的状态	理想要素	具有几何学意义的要素。它是具有理想形状的点、线、面，即不存在形位误差和其他误差的要素
	实际要素	零件上实际存在的要素。在测量时由测得的要素代替实际要素，但由于测量误差的存在，实际要素并非该要素的真实情况
按在形位公差中所处的地位	被测要素	图样上给出形状或（和）位置公差要求的要素，也就是需要测量和评定的要素
	基准要素	图样上规定用来确定被测要素的方向或（和）位置的要素，理想的基准要素简称为基准
按几何特征	轮廓要素	构成零件轮廓的点、线、面各要素
	中心要素	轮廓要素的对称中心所表示的点、线、面各要素
按被测要素相互关系	单一要素	给出了形状公差的要素
	关联要素	与零件上其他要素有功能关系的要素。所谓功能关系是指要素与要素之间具有某种确定的方向或位置关系（如垂直、平行等）。因而，关联要素就是具有位置公差要求的被测要素

二、形位公差的相关概念

1. 形位公差特征项目和符号

零件的公差分为尺寸公差和形位公差，形位公差特征项目及符号见表 2-2。

表 2-2　形位公差特征项目及符号

公差类型	几何特征	符号	有无基准	公差类型	几何特征	符号	有无基准
形状公差	直线度	—	无	定位公差	位置度	$\bigoplus$	有或无
	平面度	▱	无		同心度（用于中心点）	◎	有
	圆度	○	无				
	圆柱度	⌀	无		同轴度（用于轴线）	◎	有
	线轮廓度	⌒	无				
	面轮廓度	⌓	无		对称度	═	有
定向公差	平行度	//	有	跳动公差	线轮廓度	⌒	有
	垂直度	⊥	有		面轮廓度	⌓	有
	倾斜度	∠	有		圆跳动	↗	有
	线轮廓度	⌒	有		全跳动	↗↗	有
	面轮廓度	⌓	有				

形状公差指单一实际要素的形状所允许的变动全量，它是为了限制形状误差而设置的，一般用于单一要素。

位置公差指关联实际要素的位置对基准所允许的变动全量，它是用来限制位置误差的。位置公差分为定向公差、定位公差和跳动公差三种。

小提示

形状误差指实际形状对理想形状的变动量,位置误差指实际位置对理想位置的变动量。形状(位置)公差是设计时给定的,而形状(位置)误差是通过测量获得的。

2．形状和位置公差带

形状和位置公差带简称形位公差带,是由形状和位置公差值确定的,它是限制实际形状或实际位置变动的区域。因此,若实际要素在形位公差带内则零件合格,反之则不合格。

 小提示

形状公差带与尺寸公差带控制的对象不同。尺寸公差带用来限制零件实际尺寸的大小,通常是平面区域;而形位公差带用来限制零件被测要素的实际形状和位置变动的范围,通常是空间区域。

公差带的形状由被测要素的特征及对形状公差的要求确定,其主要形状见表 2-3。

表 2-3　公差带的主要形状

平面区域		空间区域	
两平行直线	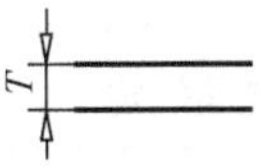	球	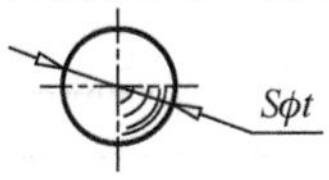
两等距曲线	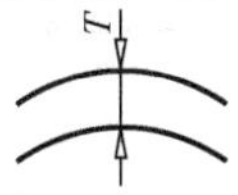	圆柱面	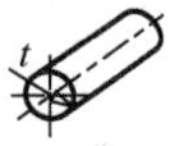
两同心圆	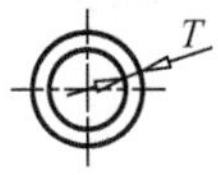	两同轴圆柱面	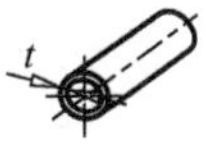
圆	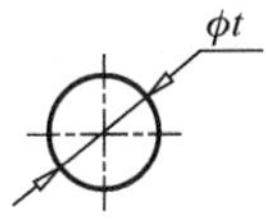	两平行平面	
		两等距曲面	

三、形位公差的标注

1．基准符号

基准要素用基准符号或基准目标表示。基准符号如图 2-5 所示,涂黑和空白的三角形含义相同。

2．形位公差代号

形位公差代号包括形位公差特征项目符号、形位公差框格和指引线、形位公差值、表示基准的字母和其他有关符号,如图 2-6 所示。

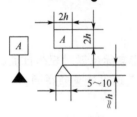

图2-5 基准符号

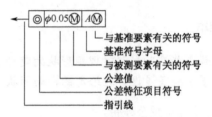

图2-6 形位公差代号

识读形位公差时应该注意以下几个方面。

（1）限定被测要素或基准要素的范围（图2-7）。

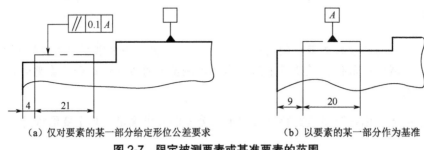

（a）仅对要素的某一部分给定形位公差要求　　　（b）以要素的某一部分作为基准

图2-7 限定被测要素或基准要素的范围

（2）公差值的限定性规定（表2-4）。

表2-4 公差值的限定性规定

种　类	含　义
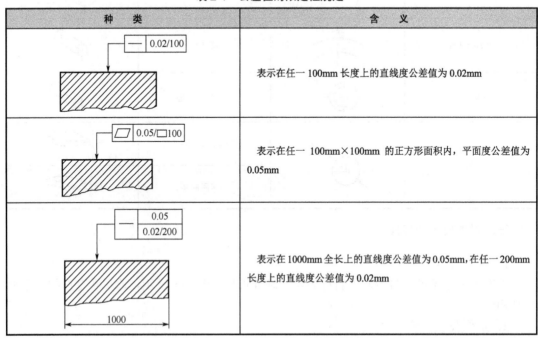	表示在任一100mm长度上的直线度公差值为0.02mm
	表示在任一100mm×100mm的正方形面积内，平面度公差值为0.05mm
	表示在1000mm全长上的直线度公差值为0.05mm，在任一200mm长度上的直线度公差值为0.02mm

（3）形位公差的附加要求（表2-5）。

表 2-5　形位公差的附加要求

符　号	解　释	标注示例
（+）	若被测要素有误差，则只允许中间向材料外凸起	— | 0.01 （+）
（—）	若被测要素有误差，则只允许中间向材料内凹下	⧄ | 0.05 （—）
（▷）	若被测要素有误差，则只允许按符号的小端方向逐渐缩小	⌀ | 0.05 （◁）
（◁）		// | 0.05 （▷） | A

（4）形位公差标注附加符号（表 2-6）。

表 2-6　形位公差标注附加符号

说　明	符　号	说　明	符　号
被测要素		全周（轮廓）	
基准要素	A　A	包容要求	Ⓔ
		公共公差带	CZ
基准目标	$\dfrac{\phi 2}{A1}$	小径	LD
理论正确尺寸	50	大径	MD
延伸公差带	Ⓟ	中径、节径	PD
最大实体要求	Ⓜ	线素	LE
最小实体要求	Ⓛ	不凸起	NC
自由状态条件（非刚性零件）	Ⓕ	任意横截面	ACS

注：如需标注可逆要求，可采用符号Ⓡ，见 GB/T 16671—2009。

（5）具有相同几何特征和公差值的若干分离要素可共用一个公差框格，如图 2-8 所示；若干分离要素给出单一公差带时，可在公差框格内公差值的后面加注公共公差带的符号 CZ，如图 2-9 所示。

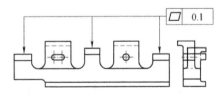

图 2-8　具有相同几何特征和公差值的若干分离要素共用一个公差框格

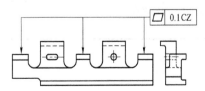

图 2-9　若干分离要素给出单一公差带

项目二　零件形状公差与测量

四、形位公差的等级与公差值

1．注出形位公差

对注出形位公差规定了 12 个等级，由 1 级起精度依次降低，6 级和 7 级为基本级，圆度和圆柱度还增加了精度更高的 0 级。应在满足零件功能要求的前提下，选择最经济的公差值。同一被测要素形状公差值应小于位置公差值，位置公差值应小于相应的尺寸公差值。

2．未注形位公差

（1）对未注直线度、平面度、垂直度、对称度和圆跳动各规定了 H、K、L 三个公差等级。

（2）未注圆度公差值等于直径公差值，但不能大于径向圆跳动的未注公差值。

（3）未注圆柱度公差值不做规定，由要素的圆度公差、素线直线度和相对素线平行度的注出或未注公差控制。

（4）未注平行度公差值等于被测要素和基准要素间的尺寸公差和被测要素的形状公差（直线度或平面度）的未注公差值中的较大者，并取两要素中较大者作为基准。

（5）未注同轴度公差值未做规定。必要时，可取同轴度的未注公差值等于圆跳动的未注公差值。

（6）未注线轮廓度、面轮廓度、倾斜度、位置度的公差值均由各要素的注出或未注线性尺寸公差或角度公差控制。

（7）未注全跳动公差值未做规定。

五、直线度公差

直线度公差指实际直线对理想直线所允许的变动量，用于控制平面或空间直线的形状误差，其被测要素是直线。

直线度公差带的形状随被测实际直线所在位置和测量方向的不同而不同。根据零件的功能要求，可分别给出在给定平面内、给定方向上和任意方向上的直线度要求。直线度公差带的含义及公差带标注见表 2-7。

表 2-7　直线度公差带的含义及公差带标注

特　征	含　义	标注示例和解释
给定平面内	在给定平面内和给定方向上的公差带为间距等于公差值 t 的两平行直线所限定的区域 被测要素为平面上的素线，为轮廓要素，公差带可浮动	上表面的提取（实际）线必须位于平行于图样所示投影面，且距离为公差值 0.1mm 的两平行直线内 ─ | 0.1

特 征	含 义	标注示例和解释
给定方向上	在给定方向上的公差带为间距等于公差值 t 的两平行平面所限定的区域 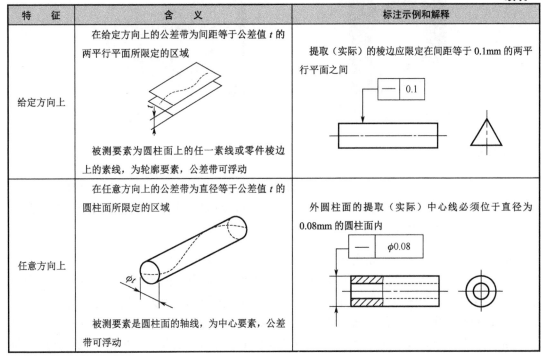 被测要素为圆柱面上的任一素线或零件棱边上的素线，为轮廓要素，公差带可浮动	提取（实际）的棱边应限定在间距等于 0.1mm 的两平行平面之间 $\boxed{-\ \ 0.1}$
任意方向上	在任意方向上的公差带为直径等于公差值 t 的圆柱面所限定的区域 被测要素是圆柱面的轴线，为中心要素，公差带可浮动	外圆柱面的提取（实际）中心线必须位于直径为 0.08mm 的圆柱面内 $\boxed{-\ \ \phi0.08}$

 小提示

由于任意方向上直线度的公差值是圆柱面公差带的直径值，因此标注时必须在公差值 t 前加注表示直径的符号"ϕ"，即以"ϕt"表示。

六、水平仪

水平仪是利用液面自然水平原理制造的一种测角量仪。水平仪主要用于测量微小角度，检验各种机床及其他设备导轨的直线度、平面度和设备安装的水平性、垂直性。常用的水平仪有框式水平仪和光学合像水平仪。

1. 框式水平仪

框式水平仪以水准器作为测量和读数元件，如图 2-10 所示。在框式水平仪上通常装有纵向水准器和横向水准器。纵向水准器即主水准泡，其准确度高，用于测量；横向水准器即副水准泡，其准确度稍低，主要用于测量时的调整。

水准器内部有制成一定曲率半径的密封玻璃管，管内装有乙醚或酒精，并留有很小的空隙，形成气泡，如图 2-11 所示。在管的外壁垂直于曲率半径方向刻有刻度。水准器的工作原理是当水平仪位于水平位置时，气泡位于中央两刻线（零线）之间，即曲率半径的最高处。若水平仪不在水平位置，气泡则向高的方向移动，倾斜角的大小可由玻璃管上的刻线读出。

水平仪的刻度值指气泡移动一格刻度时水平仪所需倾斜角的大小。由于水平仪使用时倾斜角 t 很小，$\tan t \approx t$，因此水平仪的刻度值又可用斜率表示。

常用框式水平仪的分度值为 0.02mm/m。

项目二　零件形状公差与测量

图 2-10　框式水平仪

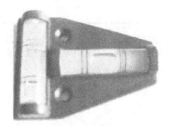

图 2-11　水准器

 小提示

　　框式水平仪有两个测量面，一个是下测量面，另一个是与下测量面垂直的侧测量面。因此，框式水平仪除能测量直线度误差外，还可用它的侧测量面与零件的被测表面相靠，检验被测表面的垂直度误差。

　　框式水平仪是一种测量偏离水平面的微小角度变化量的常用量仪，如图 2-12（a）所示。它的主要工作部分是水准器。水准器中有一个玻璃管，其内表面的纵剖面具有一定的曲率半径 R，管内装有乙醚或酒精，并留有一定的空隙。由于地心引力作用，玻璃管内的液面总是保持在管外壁刻度的正中间；若水准器倾斜一个角度 α，则气泡就要偏离最高点，移过的格数 L 与倾斜的角度 α 成正比，如图 2-12（b）所示。由此，可根据气泡偏离中间位置的程度来确定水准器下平面偏离水平面的角度。

　　为了保持水平仪的精度，避免基面磨损，可将水平仪放在桥板上进行测量。如图 2-12（c）所示，桥板能起到变更测量节距、合理分段、保证节点接触、提高检测精度等作用。

　　框式水平仪的工作原理如图 2-13 所示。气泡每偏离一格所产生的角度误差为 4″，$1000×\tan 4″≈0.02\text{mm}$，所以该水平仪的精度为 0.02mm/m。

　　框式水平仪的读数方法如图 2-14 所示。

　　（1）绝对读数法。直接读出气泡偏离零线的格数，习惯上以气泡向右方偏离为正，向左方偏离为负，如图 2-14（b）所示。

　　（2）平均值读法。以两长刻线为基准向同一方向分别读出气泡偏离的格数，两数相加除以2，即其读数。习惯上仍以气泡向右方偏离为正，向左方偏离为负，如图 2-14（c）所示。

（a）框式水平仪

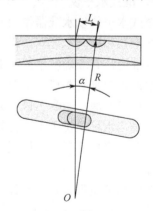

（b）水平仪测量原理

图 2-12　框式水平仪及桥板

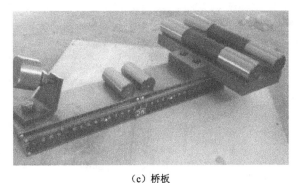

（c）桥板

图 2-12　框式水平仪及桥板（续）

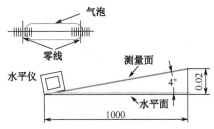

图 2-13　框式水平仪的工作原理

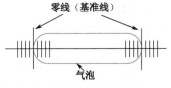

（a）水平仪处于水平位置时

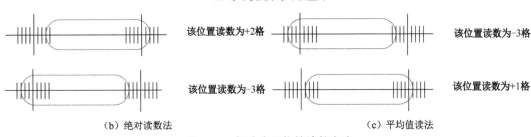

（b）绝对读数法　　　　　　　　　　　　（c）平均值读法

图 2-14　框式水平仪的读数方法

2．光学合像水平仪

光学合像水平仪是以测微螺旋副相对基座测量面调整水准器气泡，并利用光学合像原理使水准器气泡居中后读数的水平仪。光学合像水平仪的原理与框式水平仪基本相同，只是结构上比框式水平仪多了一套光学系统和读数调整机构，如图 2-15 所示。

光学合像水平仪有两套读数系统：从窗口 mm/m 刻线上读取毫米整数，在分度盘上读取毫米小数。

光学合像水平仪的使用方法：将光学合像水平仪的底工作面放在被测量面上，如果被测量面不是绝对的水平面，则光学合像水平仪气泡的两个像就合不到一起，此时不能进行读数，必须转动微动旋钮，在旋钮转动过程中气泡的两个像会移动，当旋钮转到一定位置时，两个像就合成一个半圆像，待两个像合成一个半圆像且稳定后，即可在分度盘上读取该测量位置的数值，如图 2-16 所示。

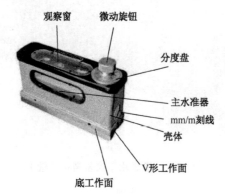

观察窗　微动旋钮

分度盘

主水准器

mm/m 刻线

壳体

V形工作面

底工作面

图 2-15　光学合像水平仪

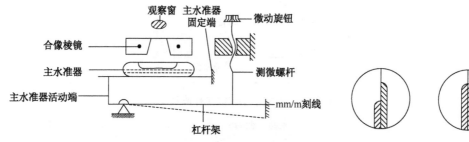

观察窗　主水准器
　　　　固定端　微动旋钮

合像棱镜

主水准器

主水准器活动端

测微螺杆

mm/m 刻线

杠杆架

图 2-16　光学合像水平仪的工作原理

光学合像水平仪的合像过程是水准器气泡移动的过程，而旋钮的作用是将弧形玻璃管调到水平位置，使气泡处于玻璃管的中央位置，其调整量从分度盘上读出。气泡合像仅起到指示作用，读数在分度盘上进行。从分度盘上读取毫米小数，从窗口 mm/m 刻线上读取毫米整数，将两个读数相加，即得到该测量位置的测量结果。

光学合像水平仪的分度值为 0.01mm/m，量程为 0～10mm/m 或 0～20mm/m。

任务实施

一、任务解读

用分度值为 0.02mm/m 的水平仪测量车床导轨（长度为 1600mm）的纵向直线度误差（图 2-17）。

图 2-17　车床导轨

在图 2-17 所示的车床导轨中，右侧的平导轨只给出一个方向上的直线度公差，即可满足功能要求。导轨的直线度误差通常有两种表示方法，即导轨在 1m 长度内的直线度误差和导轨在全长范围内的直线度误差。一般车床导轨的直线度误差要求在 0.015mm/m～0.02mm/m 范围内。

二、确定测量方案

车床导轨长、体积大，而水平仪可以测量大型设备中表面较长的零件的直线度误差，因此，采用框式水平仪测量。

三、准备测量器具

准备框式水平仪、桥板等。

四、测量步骤

（1）按被测件长度和桥板跨距在车床导轨上建立测量点。具体方法是量出零件被测面总长，将总长分为若干等分段（一般为 6～12 段），确定每一段的长度（跨距）L，并按 L 调整可调桥板两圆柱的中心距。例如，用 200mm 的桥板可将 1600mm 的导轨分成 8 段，然后确定每次测量桥板的位置。

（2）将水平仪放在桥板上，然后将桥板从首点依次放在各等分点位置上进行测量。到终点后，自终点再进行一次回测，回测时桥板不能调头，同一测点两次读数的平均值为该点的测量数据。如某测点两次读数相差较大，说明测量情况不正常，应查明原因并加以消除后重测。测量时要注意，每次移动桥板都要将后支点放在原来的前支点处（桥板首尾衔接），测量过程中不允许改变水平仪与桥板之间的相对位置。

（3）记录在每一测量段气泡的移动格数，算出各点对零点的累积高度差（表 2-8）。

表 2-8　直线度误差测量数据

测点序号	0	1	2	3	4	5	6	7	8
水平仪读数（格）	0	+1	+1	+2	0	−1	−1	0	−0.5
累加值（格）	0	+1	+2	+4	+4	+3	+2	+2	+1.5

（4）根据测得的读数作出误差曲线图。以测量基准线为横坐标（每两格表示水平仪的每段测量长度），以各点累积高度差为纵坐标，将测得的每段读数按坐标值绘出，连接各点即得导轨的直线度误差曲线。

（5）把测得的数值依次填入检测报告中，并用两端点连线法进行数据处理，求出被测表面的直线度误差。

💡 **小提示** ⸻⸻⸻⸻⸻⸻⸻⸻⸻⸻⸻⸻⸻⸻⸻⸻⸻⸻⸻⸻⸻⸻⸻⸻ ○

如果车床还没有安装好或正在调试，则应将被测导轨放在可调的支承垫块上，将水平仪放在导轨的中间或两端位置，初步找正导轨的水平位置，以确保检查时水平仪的气泡位置能保持在刻线范围内。

五、数据处理

采用两端点连线法处理数据。

（1）如图 2-18 所示，根据各测点的相对高度差，在坐标系中描点。作图时不要漏掉首点（零点），且后一点的坐标是在前一点坐标的基础上累加的。用直线依次连接各点，得出误差曲线。

（2）作曲线的首尾连线，并经曲线的最高点作首尾连接的平行线，两平行线之间垂直于水平坐标轴方向的距离，即导轨的直线度误差数。由图 2-18 可知，最大误差为 3.5 格。

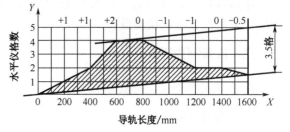

图 2-18　用两端点连线法求直线度误差

（3）换算成标准的误差值 Δ，即

$$\Delta = iLn$$

式中，Δ 为直线度误差值，mm；i 为水平仪的分度值，0.02mm/m；L 为每段测量长度，mm；n 为误差曲线中的最大误差格数。

根据图 2-18 中所测数值，可计算出如下结果：

$$\Delta = iLn = 0.02\text{mm}/1000\text{mm} \times 200\text{mm} \times 3.5 = 0.014\text{mm}$$

六、检测报告

按步骤完成测量并将被测件的相关信息及测量结果填入检测报告（表 2-9）。

表 2-9　直线度误差检测报告（水平仪法）

测点序号		0	1	2	3	4	5	6	7	8
仪器读数（格）	顺测									
	回测									
	平均									
累计读数（格）										
误差曲线图										
数据处理结果		$\Delta = iLn =$ _____ mm						结论		

七、成果交流

（1）任务中使用的水平仪分度值是多少？单位是什么？和其他量具有什么区别？

（2）测量过程中出现过哪些问题？这些问题又是如何解决的？

（3）学生拍下读数时气泡的位置并展示和现场读数，师生共同评价。

（4）学生展示根据测量数据绘制的导轨直线度误差曲线图，并阐述如何求得导轨的直线度误差，师生共同评价。

加油站

直线度误差的其他测量方法

直线度误差的其他测量方法见表 2-10。

表 2-10　直线度误差的其他测量方法

测量方法	示意图	设备	说明
用百分表或千分表测量	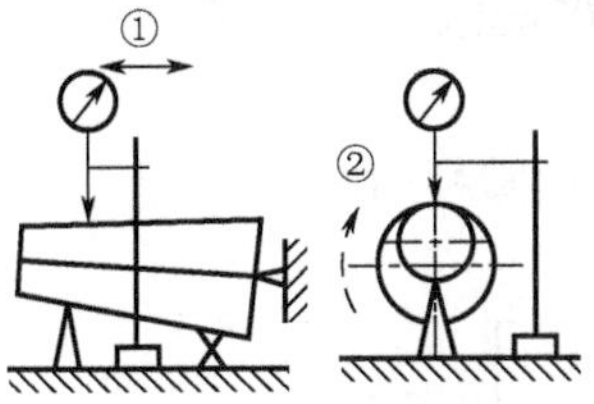 ① ②	平板、固定可调支承、带指示器的测量架	将被测要素两端点调整到与平板等高，在被测要素全长范围内测量，同时记录示值。根据记录的读数计算直线度误差。按上述方法测量若干线，取其中误差最大者作为该零件的直线度误差
用测量显微镜测量	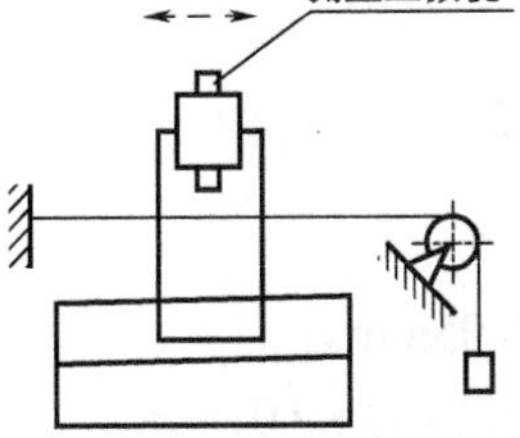 测量显微镜	优质钢丝、测量显微镜（或接触式测量仪）	调整测量钢丝两端，使两端点读数相等。用测量显微镜在被测线全长内等距测量，同时记录示值，并根据记录的数据计算直线度误差
用综合量规测量	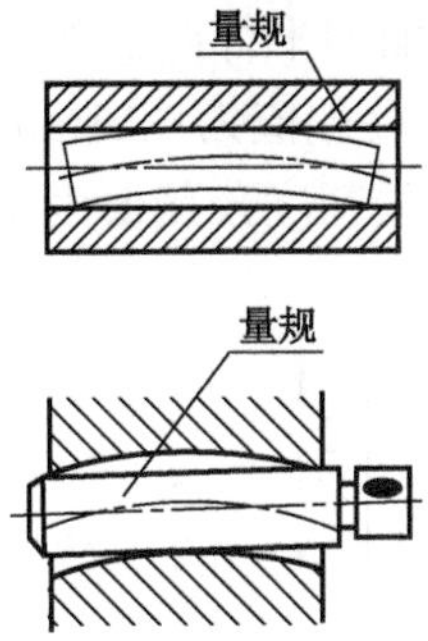 量规 量规	普通综合量规	综合量规的直径等于被测零件的实效尺寸，综合量规必须能通过被测零件
	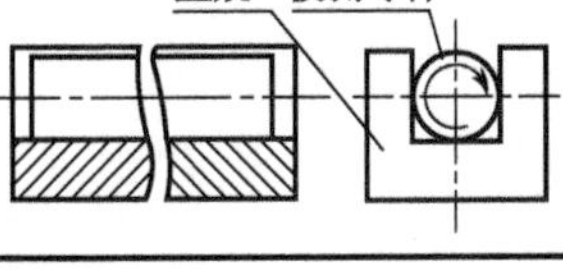 量规　被测零件	槽型综合量规	被测零件必须能在宽度等于被测零件实效尺寸的槽型综合量规内滚动，此方法适用于检验细长零件

任务实施评价

根据任务实施情况，认真填写附录 3 所示的评价表。

想想练练

1. 识读图 2-19 中的形位公差代号。

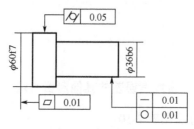

图 2-19　习题图 1

2．按下列要求在图 2-20 中标出形位公差代号。

（1）ϕ50mm 圆柱面素线的直线度公差值为 0.02mm。

（2）ϕ30mm 圆柱面的圆柱度公差值为 0.05mm。

（3）整个零件的轴线必须位于直径为 0.04mm 的圆柱面内。

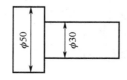

图 2-20　习题图 2

3．将下列技术要求用代号标注在图 2-21 中。

（1）ϕ20d7 圆柱面任一素线的直线度公差值为 0.05mm。

（2）ϕ40m7 轴线相对于ϕ20d7 轴线的同轴度公差值为ϕ0.01mm。

（3）ϕ10H6 槽的两平行平面中任一平面对另一平面的平行度公差值为 0.015mm。

（4）ϕ10H6 槽的中心平面对ϕ40m7 轴线的对称度公差值为 0.01mm。

（5）ϕ20d7 圆柱面的轴线对ϕ40m7 圆柱右端面的垂直度公差值为ϕ0.02mm。

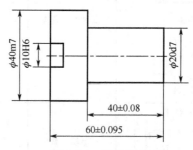

图 2-21　习题图 3

4．将下列技术要求用代号标注在图 2-22 中。

（1）圆锥面 A 的圆度公差值为 0.008mm，圆锥面素线的直线度公差值为 0.005mm，圆锥面的中心线对ϕd 轴线的同轴度公差值为ϕ0.015mm。

（2）ϕd 中心线的直线度公差值为ϕ0.012mm。

（3）右端面对ϕd 轴线的圆跳动公差值为 0.01mm。

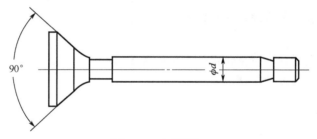

图 2-22　习题图 4

任务二　用百分表测量平面度误差

任务引入

图 2-23 是平口虎钳实物图，图 2-24 和图 2-25 分别是其底板的实物图和零件图，底板的作用是支承并固定整个平口虎钳。平口虎钳的主要作用是装夹工件，使工件占据并保持正确的加工位置，所以要求它有足够的装夹精度。假如平口虎钳的装夹精度不够，加工出来的工件会出现什么现象？又会导致什么后果呢？

工件加工过程中，出现的主要质量问题包括尺寸公差超差和形位公差超差导致的工件报废。其中，形位公差（如工件平行度、平面度）超差主要由工件装夹不合理或夹具（如平口虎钳）本身的误差引起。平口虎钳底板上、下平面的平行度误差直接影响它与平口虎钳底座的装配精度，从而影响整个平口虎钳的装夹精度，最终导致所装夹工件的形位公差超差。因此，在使用平口虎钳之前，往往要对其底板的平行度及平面度进行检测。

图 2-23　平口虎钳实物图

图 2-24　底板实物图

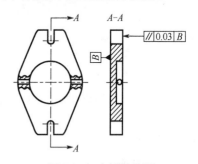

图 2-25　底板零件图

任务目标

◆ **知识目标**

（1）熟悉平面度公差的标注方法及相关概念。

（2）掌握百分表的结构及工作原理。

（3）掌握常用的平面度误差测量和评定方法。

公差配合与技术测量

（4）了解指示表类量仪的维护和保养方法。

◆ **技能目标**

（1）能正确使用百分表等量仪进行平面度误差的测量。

（2）能对测量数据进行处理。

器材准备 ||||

（1）被测零件：待测工作台（图 2-26）。

（2）测量器具：百分表（图 2-27）、百分表架（图 2-28）、划线平板（图 2-29）、可调支承（图 2-30）。

图 2-26　待测工作台　　　　图 2-27　百分表　　　图 2-28　百分表架

图 2-29　划线平板　　　　　　　图 2-30　可调支承

知识链接 ||||

一、平面度公差的相关概念

1．平面度公差

平面度是限制实际表面对理想平面变动的一项指标。平面度公差指实际平面对理想平面所允许的最大变动量，其被测要素是平面。平面度公差用于控制平面的形状误差。

2. 平面度公差的标注及公差带

平面度公差的标注及公差带含义见表 2-11。

表 2-11　平面度公差的标注及公差带含义

含　义	标注示例和解释
公差带为间距等于公差值 t 的两平行平面所限定的区域 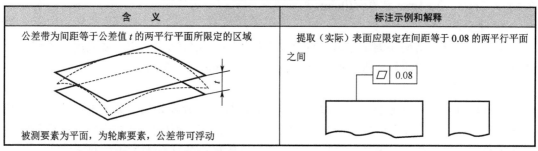 被测要素为平面，为轮廓要素，公差带可浮动	提取（实际）表面应限定在间距等于 0.08 的两平行平面之间

二、测量平面度公差的指示表类量仪

指示表类量仪包括百分表和千分表、杠杆百分表和杠杆千分表、内径百分表和内径千分表、深度百分表等。其共同点是将反映被测尺寸变化的测杆的微小直线位移，经机械放大后转换为指针的旋转或角位移，在刻度盘上指示测量结果。

指示表类量仪主要采用微差比较法测量各种尺寸，也可采用直接测量法测量微小尺寸及机械零件的形位误差，还可用作专用计量仪器及各种检验夹具的读数装置，用途非常广泛。

1. 百分表

百分表的工作原理是将测杆的直线位移经齿条和齿轮传动系统，转变为指针的角位移，从而在刻度盘上指示出测量结果。百分表的分度值为 0.01mm，主要用于测量长度尺寸和形位误差，检测机床的几何精度等，是机械加工和机械设备维修中不可缺少的量具。其外形结构如图 2-31 所示。

百分表的内部结构如图 2-32 所示。测杆上的齿条与轴齿轮啮合，与轴齿轮同轴的片齿轮 1 与中心齿轮啮合，中心齿轮上连接长指针，中心齿轮与片齿轮 2（与片齿轮 1 相同）啮合，片齿轮 2 上连接小指针。

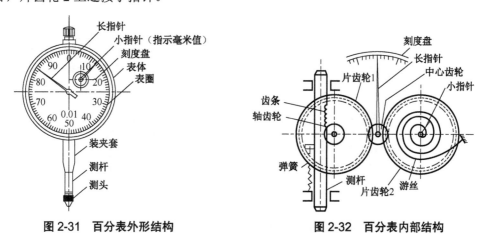

图 2-31　百分表外形结构　　　　　　图 2-32　百分表内部结构

当被测尺寸变化引起测杆上下移动时，测杆上部的齿条即带动轴齿轮及片齿轮转动。此时，中心齿轮与其轴上的长指针也随之转动，并在表盘上指示数值。同时，小指针通过

片齿轮指示出长指针的回转圈数。为了消除齿轮传动中因啮合间隙引起的误差，使传动平稳可靠，在片齿轮上安装了游丝。百分表的测力由弹簧产生。

在百分表的刻度盘上，一般刻成 100 等份，每一等份为 0.01mm。百分表的测量范围一般为 0～3mm、0～5mm 和 0～10mm。

2. 千分表

千分表的外形结构和测量原理与百分表大致相同，其传动系统也主要采用齿条和齿轮传动系统。千分表的测量范围一般为 0～1mm、0～2mm、0～3mm。

3. 杠杆百分表和杠杆千分表

杠杆百分表是用百分表进行读数的测量器具，杠杆千分表是用千分表进行读数的测量器具。杠杆百分表的外形结构如图 2-33 所示，分为正面式、侧面式和端面式。杠杆表的工作原理是利用杠杆和齿轮做传动机构，将被测尺寸的微小变化转换为指针回转运动。

杠杆百分表的用途与普通百分表类似。杠杆百分表的球形测头可在处置平面内做 180°转动，使用更为灵便，可测量普通百分表难以测量的小孔、沟槽及某些坐标尺寸。

杠杆百分表的分度值为 0.01mm，量程为 0～0.8mm 或 0～1mm；杠杆千分表的分度值为 0.002mm，量程为 0～0.2mm。

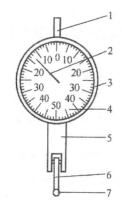

（a）正面式

1—夹持柄；2—指针；3—表圈；4—表盘；

5—表体；6—测杆；7—测头

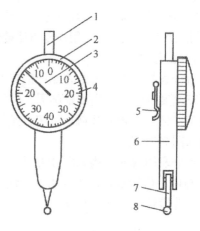

（b）侧面式

1—夹持柄；2—表圈；3—指针；4—表盘；

5—换向器；6—表体；7—测杆；8—测头

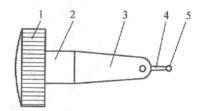

（c）端面式

1—表圈；2—夹持柄；3—表体；4—测杆；5—测头；6—指针；7—表盘

图 2-33 杠杆百分表的外形结构

还有一种大量程百分表，其传动原理及用途与普通百分表相似。大量程百分表的测量范围一般有 0～20mm、0～30mm 和 0～50mm 等，由于量程较大，因此可用绝对法测量工件的尺寸。

三、指示表类量仪的维护和保养

（1）使用时要仔细，提压测杆的次数不要过多，距离不要过大，以免损坏机件，加剧测头端部及齿轮系等的磨损。

（2）不允许测量粗糙表面或有明显凹凸的工件表面，这样会使精密量仪的测杆发生歪扭和受到旁侧压力，从而毁坏测杆和其他机件。

（3）应避免剧烈震动和碰撞，不要使测头突然撞击在被测表面上，以防测杆弯曲变形，更不能敲打表的任何部位。

（4）在遇到测杆移动不灵活或发生阻滞时，不允许用强力推压测头，应送交计量部门检查修理。

（5）不要把精密量仪放置在机床的滑动部位上，如机床导轨等处，以免轧伤或摔坏量仪。

（6）不要把精密量仪放置在磁场附近，以免造成机件被磁化，降低灵敏度或失去应有的精度。

（7）为防止水或油液渗入量表内部，应避免量表与切削液或冷却剂接触，以免腐蚀机件。

（8）不要随便拆卸精密量表，以免灰尘及油污进入机件，造成传动系统故障或弄坏机件。

（9）在精密量表上不准涂抹任何油脂，否则会使测杆和套筒黏结，造成动作不灵活，而且油脂易粘尘土，会损坏量表内部的精密机件。

（10）不使用时，应使测杆处于自由状态，不应有任何压力加在上面。

（11）若发现量表有锈蚀现象，应及时交计量部门检修。

（12）精密量表不能与锉刀、凿子等工具堆放在一起，以免擦伤、碰毛精密测杆或打碎玻璃表盖等。

（13）使用完毕，必须用干净的布或软纸将精密量表擦干净，并使测杆处于自由状态，以免表内弹簧失效，然后装入专用的盒子内。

任务实施

一、测量步骤

（1）将划线平板和待测工作台清理干净。

（2）将可调支承安放到平板上，然后将待测工作台放置在可调支承上，调节可调支承使待测平面目测水平，如图 2-34 所示。

（3）在被测平面上布点（图 2-35），然后用百分表在被测平面上按点进行测量，并按编号记录百分表读数。

（4）整理相关设备，完成检测报告。

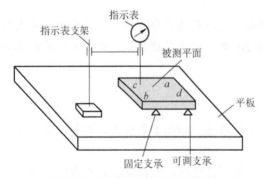

图 2-34 测量平面度误差示意图

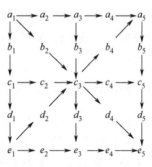

图 2-35 对角线布点法

二、数据处理

测得数据中的最大读数值 M_{max} 与最小读数值 M_{min} 的差值，即被测平面的平面度误差。计算公式为

$$\Delta = M_{max} - M_{min}$$

三、检测报告

按步骤完成测量并将相关信息及测量结果填入检测报告（表 2-12）。

表 2-12 平面度误差检测报告

测量数据记录									
序号	a_1	a_2	a_3	a_4	a_5	b_1	b_2	b_3	b_4	b_5
数据										
序号	c_1	c_2	c_3	c_4	c_5	d_1	d_2	d_3	d_4	d_5
数据										
序号	e_1	e_2	e_3	e_4	e_5					
数据										
平面度误差 $\Delta = M_{max} - M_{min} =$						结论：				

加油站||||

平面度误差的其他测量方法

生产实践中测量平面度误差的方法有很多。对于较小平面，通常采用刀口形直尺通过透光法来测量平面度误差。测量时，将刀口形直尺的刀刃放在工件表面上（图 2-36），并在纵向、横向、对角方向多处一一进行测量（图 2-37）。如果刀口形直尺与工件表面之间透光微弱而均匀，说明该表面是平直的；如果透光强弱不一，说明该表面是不平的，可用塞尺塞入测量，确定平面度误差值。对于中凹平面，取各测量部位中的最大值；对于中凸平面，则应在两边以同样厚度的塞尺塞入测量，并取各测量部位中的最大值，如图 2-38 所示。对于大平面，特别是刮削面，生产现场多采用涂色法做合格性检验。平面度误差的其他测量方法见表 2-13。

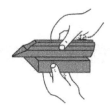

图 2-36　测量方法

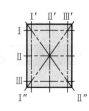

图 2-37　测量位置

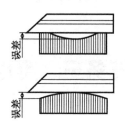

图 2-38　确定误差

表 2-13　平面度误差的其他测量方法

检测方法	图　例	设　备	说　明
用平面平晶测量	平晶　工件	平晶	将平晶贴在被测表面上,观察平晶与被测表面之间的干涉条纹。被测表面的平面度误差为封闭的干涉条纹数乘以光波波长的一半;对不封闭的干涉条纹,平面度误差为条纹的弯曲度与相邻两条间距之比再乘以光波波长的一半 此法适用于测量精度高的小平面
用水平仪测量	水平仪　工件　平板	平板、水平仪、固定支承和可调支承	将被测表面大致调水平。用水平仪按一定的布点和方向逐点测量被测表面,同时记录读数值,并换算成长度值。根据各长度值用计算法或图解法计算平面度误差

任务实施评价

　　根据任务实施情况,认真填写附录 3 所示的评价表。

想想练练

　　1. 判断:某平面对基准平面的平行度误差为 0.05mm,那么这个平面的平面度误差一定不大于 0.05mm。(　　)

　　2. 判断:对同一要素既有位置公差要求,又有形状公差要求时,形状公差值应大于位置公差值。(　　)

　　3. 百分表的分度值为＿＿＿＿＿＿mm,千分表的分度值为＿＿＿＿＿mm。

　　4. 测平面度误差时未将百分表校零,是否会影响测量结果?为什么?

　　5. 如图 2-39 所示,某平面经过测量,得出其上各点相对于参考平面的高度,试确定该平面的平面度误差。

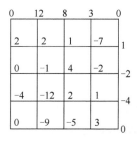

图 2-39　某平面测量数据(单位: μm)

任务三　用百分表测量圆度和圆柱度误差

任务引入

自行车是日常生活中常用的交通工具（图 2-40），假如将自行车的车轮制成图 2-41 所示的正三棱圆形，自行车还能正常行驶吗？

图 2-40　自行车

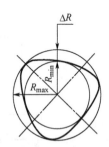

图 2-41　正三棱圆

正三棱圆形轮子上的各点到其中心的距离并不相等，所以自行车就无法正常行驶。那么在生产过程中如何控制零件圆不圆呢？

圆度是控制圆柱面、圆锥面的截面和球面零件任意截面圆的程度的指标，圆柱度是控制圆柱面的圆度、素线直线度、轴线直线度等综合误差的指标。

圆度误差的近似测量方法有两点法和三点法，它们都是生产中常用的方法，操作也很简便。

任务目标

◆ **知识目标**

（1）熟悉圆度和圆柱度公差的标注方法及相关概念。

（2）理解形位误差的检测原则。

（3）掌握圆度及圆柱度误差的常用测量方法。

◆ **技能目标**

（1）能正确使用百分表等量仪进行圆度和圆柱度误差的测量。

（2）能对测量数据进行处理。

器材准备

（1）被测零件：阶梯轴（图 2-42）。

（2）测量器具：百分表、V 形块（图 2-43）、百分表架、划线平板。

图 2-42　阶梯轴

图 2-43　V 形块

任务实施

一、用两点法测量圆度误差

1. 任务内容

测量图 2-44 所示阶梯轴零件 $\phi 40_{-0.025}^{0}$ 处的圆度误差并判断其是否合格。

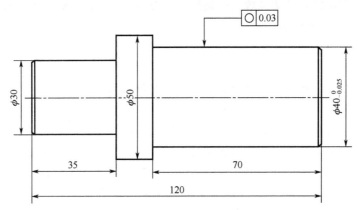

图 2-44　阶梯轴

2. 任务解读

本任务为测量圆度误差。圆度指圆柱体任一截面上的圆和过球心的圆加工后实际形状不圆的程度，如轴加工后不圆的程度等。

圆度公差是限制实际圆对理想圆变动量的一项指标，用于对回转面在任意截面上的圆轮廓提出形状精度要求。例如，图 2-45（a）所示圆柱面的圆度公差值为 0.03mm，公差带是在同一正截面上，半径差为公差值 0.03mm 的两同心圆之间的区域，如图 2-45（b）所示。

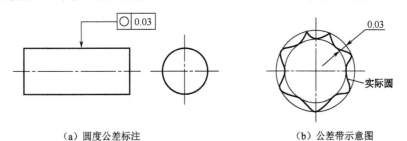

（a）圆度公差标注　　　　　　　　　　　（b）公差带示意图

图 2-45　圆柱面圆度公差示例

圆锥面圆度公差示例如图 2-46 所示，该圆锥面的圆度公差值是 0.02mm。

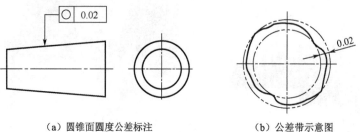

（a）圆锥面圆度公差标注　　　　　　　　（b）公差带示意图

图 2-46　圆锥面圆度公差示例

3．测量方案

采用两点法（直径测量法）进行测量，即在零件的同一横截面上按多个方向测量直径的变化情况，取各个方向测量值中的直径最大差值的一半，作为该截面圆的圆度误差。所谓两点，是指实际圆上各点（一点）对固定点（另一点）的变化量，即在同一截面上沿不同方向测量直径的变动量。常用千分尺测量。

两点法只能用来测量被测轮廓为偶数棱的圆度误差。对精度较高的工件，可用比较仪、万能工具显微镜、光学计测量。

4．实施步骤

1）测量器具

准备外径千分尺、偏摆仪、被测件、棉布、防锈油等。

2）测量步骤

（1）将被测轴放在偏摆仪支架上，使被测轴处于水平状态，如图 2-47（a）所示。或者把被测轴放在车床上，以两顶尖的形式装夹。

（2）将外径千分尺测量面放置于工件被测表面上并垂直于工件轴线。

（3）缓慢转动工件，用外径千分尺测量被测轴同一截面轮廓圆周上的 8 个位置，如图 2-47（b）所示，并记录数据的最大值 M_{imax} 与最小值 M_{imin}。

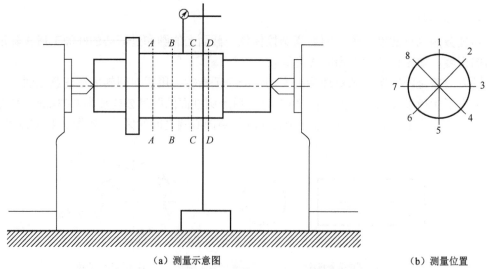

（a）测量示意图　　　　　　　　　　　　（b）测量位置

图 2-47　用两点法测量轴类工件表面圆度误差

（4）按上述方法，分别测量 4 个不同截面（截面 A—A、B—B、C—C、D—D）并记录数据。

（5）完成检测报告，整理测量器具。

3）数据处理

计算出每一个截面上的圆度误差 $(M_{imax} - M_{imin})/2$，取 4 个截面上的圆度误差最大值作为该被测轴的圆度误差。

4）检测报告

按步骤完成测量并将被测件的相关信息及测量结果填入检测报告（表 2-14）。

表 2-14　圆度误差检测报告（两点法）

仪器读数	截面 A—A	截面 B—B	截面 C—C	截面 D—D
1				
2				
3				
4				
5				
6				
7				
8				
$\Delta_i = (M_{imax} - M_{imin})/2$				
圆度误差 $\Delta = \Delta_{imax} =$ _____ mm		判断合格性：		

二、用三点法测量圆度误差

1. 任务内容

测量图 2-48 所示零件的圆度误差。

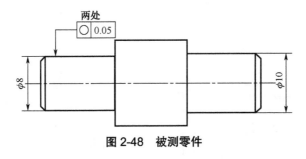

图 2-48　被测零件

2. 测量方案

采用三点法测量。三点是指实际圆上各点（一点）对固定点（两点）的变化量，测量原理如图 2-49 所示。测量时，将工件或专用表架转动一周，获得百分表最大与最小读数之差（Δh），按下式确定被测截面轮廓的圆度误差值

$$\Delta = \Delta h / K$$

式中，K 为换算系数，它与工件棱边数 n 和 V 形块夹角 2α 有关。通常用 $2\alpha = 90°$ 的 V 形块测量时，取 K 值为 2。

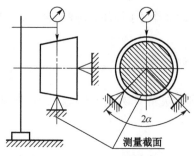

图 2-49　三点法测量原理

3．实施步骤

1）测量器具

准备百分表、表座、表架、平板、V 形块、被测件、棉布、防锈油等。

V 形块用于支承圆柱形工件，使工件轴线与平板表平面平行，一般两块为一组，如图 2-50 所示。

图 2-50　V 形块

2）测量步骤

（1）将被测轴放在 $2\alpha = 90°$ 的 V 形块上，如图 2-51 所示。

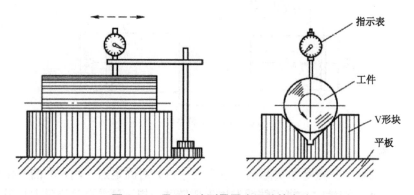

图 2-51　用三点法测量圆度误差的方法

（2）安装好表座、表架和百分表，使百分表测头垂直于测量面，并将指针调零。

（3）记录被测零件回转一周过程中百分表读数的最大值与最小值，将最大值与最小值之差的一半（$\Delta h/2$）作为该截面的圆度误差。

（4）移动百分表，测量 4 个不同截面，取截面圆度误差中的最大值作为该零件的圆度误差。

（5）如果最大误差 $\Delta_{max} \leqslant 0.005$mm，则该零件的圆度误差符合要求；如果 $\Delta_{max} >$
0.005mm，则该零件的圆度超差。

（6）完成检测报告，整理测量器具。

 小提示

1. 百分表指针一定要灵敏、稳定，没有间隙误差。
2. 平台、V形块、百分表及轴一定要清洁。
3. 测量动作要轻、稳、准，数据记录要真实。

3）数据处理

利用测量方案中介绍的公式进行数据处理，取测得误差中最大值作为被测零件的圆度误差。

4）检测报告

按步骤完成测量并将被测件的相关信息及测量结果填入检测报告（表2-15）。

表2-15　圆度误差检测报告（三点法）

仪器读数	截面 A	截面 B	截面 C	截面 D
1				
2				
3				
4				
5				
6				
7				
8				
$\Delta_i = (M_{i\max} - M_{i\min})/2$				
圆度误差 $\Delta = \Delta_{i\max} = $_____mm		判断合格性：		

三、测量圆柱度误差

1．任务内容

测量图2-52所示零件 ϕ30圆柱外表面的圆柱度误差并判断其是否合格。

2．任务解读

本任务要求测量 ϕ30圆柱外表面的圆柱度误差是否满足公差带的要求。

圆柱度是限制实际圆柱面对理想圆柱面变动量的一项指标，用于对圆柱面所有横截面和纵截面上的轮廓提出综合性形状精度要求。圆柱度公差可以同时控制圆度、素线和轴线的直线度，以及两条素线的平行度等。

圆柱度公差带是半径差为公差值 t 的两同轴圆柱面之间的区域，如图2-53所示。图中代号的意义是，被测圆柱面必须位于半径差为公差值0.1mm的两同轴圆柱面之间。

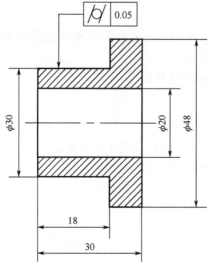

图 2-52　被测零件

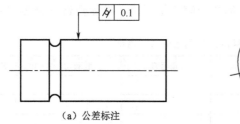

（a）公差标注

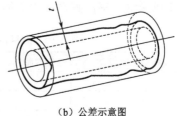

（b）公差示意图

图 2-53　圆柱度公差示例

3．测量方案

本任务测量方案与测量圆度误差的方案基本相同。

4．实施步骤

1）测量器具

本任务测量器具与测量圆度误差的器具相同。

2）测量步骤

（1）测量装置与测量圆度误差的装置基本相同，将被测零件放在 $2\alpha = 90°$ 的 V 形块上，使其轴线垂直于测量截面，同时固定轴向位置，安装好表座、表架、百分表，平稳移动表座，使百分表测头接触被测轴，并垂直于被测轴的轴线，使表上指针处于刻度盘的示值范围内。

（2）转动被测轴一周，记录百分表读数的最大值与最小值。

（3）按同样方法，分别测量被测轴上 4 个不同截面，取各截面测得的所有读数中最大值与最小值之差的一半作为该被测轴的圆柱度误差。

（4）完成检测报告，整理测量器具。

3）数据处理

在 V 形块 $2\alpha = 90°$ 的条件下，取各截面测得的所有读数中最大值与最小值之差的一半作为该被测轴的圆柱度误差。

4）检测报告

按步骤完成测量并将被测件的相关信息及测量结果填入检测报告（表 2-16）。

表 2-16　圆柱度误差检测报告

仪器读数	截面 A	截面 B	截面 C	截面 D
$M_{i\max}$				
$M_{i\min}$				
$\Delta i = (M_{i\max} - M_{i\min})/2$				
圆柱度误差 $\Delta = \Delta_{i\max}$ ＝_____mm		判断合格性：		

加油站

如果要测量图 2-54 所示轴套内孔的圆度误差，就要使用杠杆百分表。

当孔的内部空间比较小，普通百分表放不进去或测杆无法垂直于工件被测表面时，可采用杠杆百分表进行测量，因为杠杆百分表小巧灵活、使用方便，测量方法如图 2-55 所示。

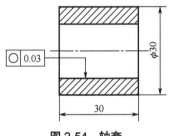

图 2-54　轴套

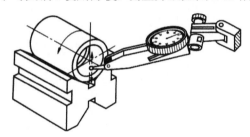

图 2-55　用杠杆百分表测量孔的圆度误差

任务实施评价

根据任务实施情况，认真填写附录 3 所示的评价表。

想想练练

1．总结两点法和三点法测量零件圆度误差的一般步骤。

2．用两点法和三点法测量图 2-56 所示轴类零件的圆度误差，并对这两种测量方法加以比较。

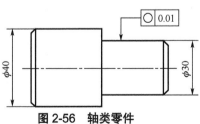

图 2-56　轴类零件

3．比较圆度公差带与圆柱度公差带的区别。

4．测量圆度误差、圆柱度误差的两点法和三点法有什么区别？

5．判断：某圆柱面的圆柱度公差值为 0.03mm，那么该圆柱面对基准线的径向全跳动公差值不小于 0.03mm。（　　）

6．判断：圆柱度公差是控制圆柱形零件横截面和轴向截面内形状误差的综合性指标。

（　　）

7．圆柱度公差可以同时控制（　　　　）。

    A．圆度　　　　　B．素线的直线度　　C．径向全跳动

    D．同轴度　　　　E．轴线对端面的垂直度

8．形位误差测量和评定的原则有哪些？

9．简述圆度误差和圆柱度误差的异同。

10．若待测零件是圆柱形零件，是否可以认为该零件的圆度误差即其圆柱度误差？为什么？

项目三

零件轮廓公差与测量

任何零件都是由平面和曲面组成的。曲面形位误差的检测和评定是产品检验中一个非常重要的项目。在机械制造业中，用轮廓度指标评定其误差大小。轮廓度分为线轮廓度和面轮廓度。轮廓度公差无基准要求时为形状公差，有基准要求时为位置公差。本项目将对线轮廓度和面轮廓度误差进行测量，分两个任务来实施。

任务一　用轮廓样板测量线轮廓度误差

任务引入 ||||

叶片是航空发动机、汽轮机等设备的核心零件，如图 3-1 所示。其制造质量直接影响整个设备的使用性能和寿命。对于这种具有复杂曲线或曲面的零件，最早通过样板比对来对叶片型面进行测量。如何采用样板比对法来检测曲线或曲面的制造误差呢？

图 3-1　叶片

任务目标 ▌▌▌

◆ **知识目标**

（1）熟悉线轮廓度公差的标注方法及相关概念。
（2）掌握线轮廓度误差的测量及评定方法。

◆ **技能目标**

（1）能正确使用轮廓样板测量线轮廓度误差。
（2）能对测量数据进行处理及评定零件的合格性。

器材准备 ▌▌▌

（1）被测零件：导板（图 3-2）。
（2）测量器具：轮廓样板。

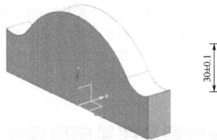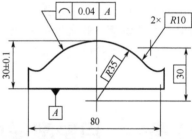

图 3-2　导板

任务实施 ▌▌▌

一、解读测量任务

图 3-2 中，被测要素为零件的上曲面素线，要求测量该零件上曲面素线的线轮廓度误差是否满足公差带的要求。

线轮廓度是限制实际曲线对理想曲线变动量的一项指标，它是对非圆曲线的形状精度要求。线轮廓度公差是实际被测要素（线轮廓要素）对理想线轮廓的允许变动量。

线轮廓度公差带是包络一系列直径为公差值 t 的圆的两包络线之间的区域，如图 3-3 所示。

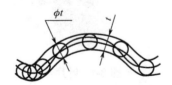

图 3-3　线轮廓度公差带

线轮廓度公差的标注及公差带的含义见表 3-1。

表 3-1　线轮廓度公差的标注及公差带的含义

特征	功　能	公差带含义	标注示例与解释
无基准要求	用于限制平面曲线或曲面的截面轮廓的形状误差	公差带是包络一系列直径为公差值 t 的圆的两包络线之间的区域，而各圆的圆心位于理想轮廓线上 $\phi 0.04$ $R25$　$R10$ 60　22 注意：公差带位置是浮动的	在任一平行于图示投影面的截面内，被测轮廓线必须位于包络一系列直径为公差值 0.04mm、圆心位于理论正确几何形状上的圆的两包络线之间 ⌒ 0.04 $R10$ 24 ± 0.1　$R25$　22 58
有基准要求	用于限制平面曲线或曲面的截面轮廓的形状和位置误差	公差带是直径等于公差值 t、圆心位于由基准平面 A 和基准平面 B 确定的被测要素理论正确几何形状上的一系列圆的两包络线所限定的区域 基准平面A　ϕt　L 基准平面B 平行于基准A的平面	在任一平行于图示投影面的截面内，被测轮廓线必须位于直径为公差值 0.04mm、圆心位于由基准平面 A 和基准平面 B 确定的被测要素理论正确几何形状上的一系列圆的两等距包络线之间 ⌒ 0.04 A B 50　$R80$ B　A

　　理论正确尺寸是用以确定被测要素的理想形状和位置的尺寸。它仅表达设计时对被测要素的理想要求，故该尺寸不附带公差，标注时应围以框格，如 $\boxed{R10}$，而该要素的形状和位置误差则由给定的形位公差来控制。

二、确定测量方案

　　样板比对法是用轮廓样板来模拟理想轮廓曲线，与实际轮廓进行比较的测量方法。如图 3-4 所示，将轮廓样板按规定的方向放置在被测零件上，然后估读间隙的大小，取最大间隙作为该零件的线轮廓度误差。该测量方法对测量条件要求不高，容易实现，适用面广，可测量一般的中、低精度零件。

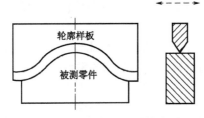

图 3-4　用轮廓样板测量线轮廓度误差

三、准备测量器具

准备轮廓样板（一般可用线切割机床加工）、被测件、棉布、防锈油等。

四、测量步骤

1. 无基准的线轮廓度误差检测

一般采用透光法。具体方法是将轮廓样板按规定的方向放置在被测零件上，根据透过光线的强弱判断间隙大小，取最大间隙作为该零件的线轮廓度误差。

测量时应注意以下几点。

（1）尽量采用自然光或光线柔和的日光灯光源，以保证光隙的清晰度。

（2）测量的准确度与接触面的粗糙度密切相关，应尽量选择表面粗糙度值较小的表面进行测量。

（3）由于是凭肉眼观察，在经验不足的情况下，可通过与标准光隙比较来估读误差值的大小。

2. 有基准的线轮廓度误差检测

一般采用仿形法，具体方法如下。

（1）将被测零件和轮廓样板用可调支承固定，必须保证基准定位可靠，如图 3-5 所示。

（2）安装仿形测量装置，选择的百分表测头应与仿形测头一致，将百分表调零。

（3）让仿形测头在轮廓样板上横向移动，仿形测量装置带动百分表测头在被测零件上移动。

（4）读取被测零件轮廓表面各测量点的百分表示值，取其中最大示值的两倍作为该零件的线轮廓度误差。

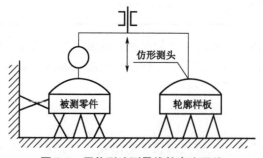

图 3-5　用仿形法测量线轮廓度误差

加油站

线轮廓度误差的其他检测方法

1. 用投影仪检测

将被测轮廓投影在投影屏上与极限轮廓相比较，被测轮廓的投影应在极限轮廓之间，如图 3-6 所示。此法适用于测量尺寸较小和薄的零件。

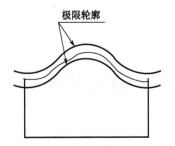

图 3-6 用投影仪测量线轮廓度误差

2. 用坐标测量装置检测

用坐标测量装置测量被测零件轮廓上各点的坐标，记录其读数并绘出实际轮廓图形。评定时用等距的线轮廓区域包含实际轮廓，取包容宽度作为该零件的线轮廓度误差。

任务实施评价

根据任务实施情况，认真填写附录3所示的评价表。

想想练练

1. 线轮廓度公差带指包络一系列直径为公差值 t 的圆的＿＿＿＿之间的区域，而各圆的圆心应位于＿＿＿＿＿＿上。

2. 图 3-7 所示零件的公差指＿＿＿＿相对于＿＿＿＿的线轮廓度，其公差带是＿＿＿＿。

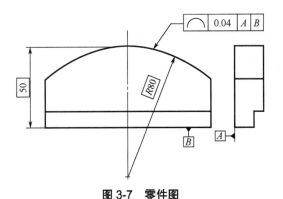

图 3-7 零件图

3. 线轮廓度公差分为无基准要求和有基准要求两种。当有基准要求时，线轮廓度公差属于＿＿＿＿公差，其公差带位置＿＿＿＿。当无基准要求时，线轮廓度公差属于＿＿＿＿公差，其公差带位置＿＿＿＿。

4. 判断：线轮廓度公差带指包络一系列直径为公差值 t 的圆的两包络线之间的区域，诸圆圆心应位于理想轮廓线上。（　　　）

5. 判断：线轮廓度公差用来控制平面曲线或曲面截面轮廓的形状与位置误差。（　　　）

6. 判断：线轮廓度公差属于形状公差，只用于控制被测要素的形状误差。（　　　）

任务二　用轮廓仪测量面轮廓度误差

任务引入

随着汽车产业的不断发展，人们不仅要求汽车产品内在质量好，而且要求其外形新颖、美观。而汽车车身由各种几何形状的曲面件组合而成，有些车身覆盖件的面轮廓度影响汽车的装配精度及密封性，因此对这类零件面轮廓度误差的检测显得尤其重要。发动机和变速器里的一些金属件同样存在控制面轮廓度误差的要求。

对于这种精度要求高的复杂曲面零件，采用轮廓样板比对法已无法满足检测要求。那么要采用什么仪器来进行检测呢？让我们一起来了解面轮廓度误差的检测方法，学会用轮廓仪测量面轮廓度误差。

任务目标

◆ **知识目标**

（1）熟悉面轮廓度公差的标注方法及相关概念。

（2）掌握面轮廓度误差的测量和评定方法。

◆ **技能目标**

（1）能正确使用轮廓仪测量面轮廓度误差。

（2）能通过测量数据评定零件的合格性。

器材准备

（1）被测零件：球座（图 3-8）。

（2）测量器具：粗糙度轮廓仪（图 3-9）。

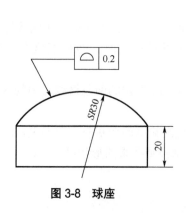

图 3-8　球座

图 3-9　粗糙度轮廓仪

一、解读测量任务

本任务要求测量零件球形曲面的面轮廓度误差是否满足公差带的要求。

面轮廓度是限制实际曲面对理想曲面变动量的一项指标,它是对曲面形状精度的要求。面轮廓度公差是实际被测要素(轮廓面要素)对理想轮廓面的允许变动量。

面轮廓度公差的标注及公差带含义见表 3-2。

表 3-2　面轮廓度公差的标注及公差带含义

特　征	功　能	公差带含义	标注示例与解释
无基准要求	用于限制曲面的形状误差	公差带是包络一系列直径为公差值 t、球心位于被测要素理论正确几何形状上的一系列圆球的两包络面所限定的区域 注意:公差带位置是浮动的	被测轮廓面必须位于直径为公差值 0.2mm、球心位于理论正确几何形状上的一系列圆球的两等距包络面之间
有基准要求	用于限制曲面的形状和位置误差	公差带是直径为公差值 t、球心位于由基准平面确定的被测要素理论正确几何形状上的一系列圆球的两包络面所限定的区域	被测轮廓面必须位于直径为公差值 0.1mm、球心位于由基准平面 A 确定的被测要素理论正确几何形状上的一系列圆球的两包络面所限定的区域

二、确定测量方案

粗糙度轮廓仪由主机、计算机、电器控制箱、打印机等组成,其中主机包括大理石平台、万能工作台、旋转工作台、立柱升降系统、驱动箱、传感器等。驱动箱可随升降套在立柱上垂直移动。万能工作台置于大理石平台上,可前后及左右移动。测量头置于驱动箱一侧下端的测杆内,朝向工作台,可水平移动。

粗糙度轮廓仪是专门用来检测零件的表面粗糙度和表面轮廓的精密计量仪器。它采用触针与被测零件直接接触的方式来检测表面粗糙度和表面轮廓,通过传感器和专用软件定量测量零件表面的几何形状,计算各种所需参数,按需要显示、存储、打印数据和图像。

粗糙度轮廓仪被广泛应用于机械加工、轴承制造、汽车制造、航天工业、模具制造、精密五金等行业。

三、准备测量器具

准备粗糙度轮廓仪、被测件、棉布、防锈油等。

四、测量步骤

1. 测量标准球

（1）将标准球座表面擦拭干净，放置在可调工作台上。

（2）启动计算机，进入测量主界面。

（3）单击"参数设定"图标，进行参数设定。

（4）在"参数设定"对话框中选择"斧形触针"并确认。

（5）在测量主界面中单击"轮廓测量"图标。

（6）通过键盘移动触针，使触针到达标准球的最高点附近。显示屏上红色显示条应在测量范围内。

（7）转动可调工作台前后移动丝杠，直至显示屏 Y 方向数字显示为最大。按"↓"键，使 Y 方向显示值约为 3；再按"←"键，使 Y 方向显示值约为−3。

（8）单击测量主界面中"数据采集"图标，弹出"测量长度"对话框。设定采集长度为 20mm，单击"确认"，开始采样。

（9）采样结束后弹出"保存"对话框，按需要填写名称后保存。保存后得到采样图形，单击"形状"图标进入数据评定界面。

（10）单击数据评定界面中"圆弧选择"按钮，在圆弧线段的两端各单击一下，再单击"线轮廓度"按钮，显示屏上即显示圆弧半径和形状误差等数据。

2. 校准标准球

若测量的半径和标准球标定的半径数据不符，则返回到数据评定界面，单击"标准球"按钮。再单击"圆弧选择"按钮，在圆弧线段的两端各单击一下。最后单击"线轮廓度"按钮，仪器自动校准。

3. 测量零件

零件的轮廓测量在标准球校准的基础上按标准球的测量步骤进行，测量时必须注意以下几点。

（1）零件测量的轮廓方向必须与触针左右移动的方向一致。

（2）应选用斧形触针。

（3）根据被测零件的测量长度，调节触针起始位置和采集长度。

（4）在触针起始位置上，显示屏上红色显示条应在测量范围内。

（5）选择被测表面多个截面进行测量，取其中最大误差值作为零件的面轮廓度误差。

💡 **小提示**

测量后要将传感器上的触针退到靠近导轨的起始一端。同时，做好工作台的清洁工作，台面涂油以防锈蚀。

五、测量报告

评定零件合格性并完成测量报告（表3-3）。

表 3-3　面轮廓度误差测量报告

测量器具	粗糙度轮廓仪
被测零件	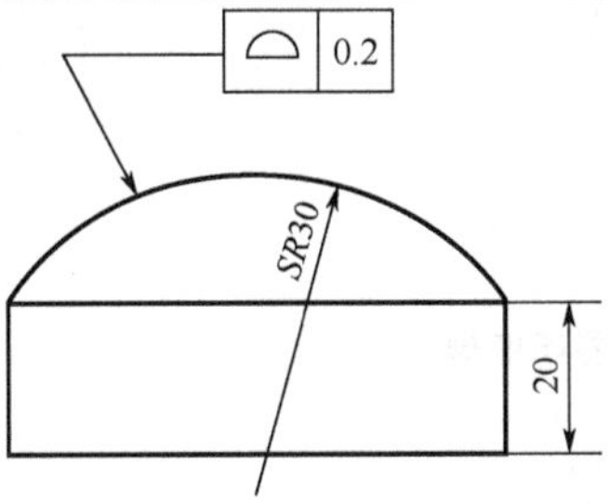
轮廓测试图形 1	
轮廓测试图形 2	
轮廓测试图形 3	
合格性评定	$f=$＿＿＿＿＿

六、成果交流

（1）用轮廓仪测量面轮廓度误差时，选用的触针是哪种类型？

（2）触针运动的方向与零件测量的轮廓方向必须保持什么关系？

（3）测量结束后如何对轮廓仪进行维护？

加油站

面轮廓度误差的其他检测方法

1. 用仿形法测量

先调整被测零件和轮廓样板的位置，再将指示器调零。仿形测头在轮廓样板上移动，由指示器读取示值。取其中最大示值的两倍作为该零件的面轮廓度误差。

2. 用坐标测量仪进行测量

将被测零件放置在仪器工作台上并进行正确定位，用三坐标测量仪测出实际曲面轮廓上若干个点的坐标值，并将测得的坐标值与理想轮廓的坐标值进行比较，取其中差值最大的绝对值的两倍作为该零件的面轮廓度误差。

3. 用高度规进行测量

数显高度规如图 3-10 所示，被测零件如图 3-11 所示。测量时，将零件放置在测量平台上，用平台作为基准，采用取点法，用高度规测量零件表面某一截面上点的坐标值，再测量零件其他截面上点的坐标值，将测得的坐标值与理论轮廓的坐标值进行比较，取其中差值最大的绝对值的两倍作为该零件的面轮廓度误差。

项目三　零件轮廓公差与测量

图 3-10　数显高度规

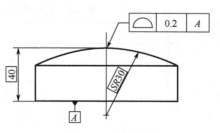

图 3-11　被测零件

任务实施评价

根据任务实施情况，认真填写附录 3 所示的评价表。

想想练练

1．图 3-12 所示零件的公差是_____的面轮廓度公差，公差值为_____。其公差带是_____。

2．图 3-13 所示零件的公差是_____相对于_____的面轮度廓度公差，公差值为_____。其公差带是_____。

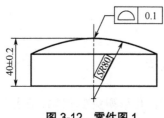

图 3-12　零件图 1

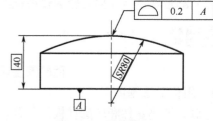

图 3-13　零件图 2

3．面轮廓度公差分为无基准要求和有基准要求两种。当有基准要求时，面轮廓度公差属于_____公差，其公差带位置_____。当无基准要求时，面轮廓度公差属于_____公差，其公差带位置_____。

4．判断：没有基准要求的面轮廓度公差带是指直径为公差值 t、球心位于被测要素面上的一系列圆球的两等距包络面之间的区域。（　　）

5．判断：面轮廓度公差用来控制曲面的形状与位置误差。（　　）

6．判断：面轮廓度公差属于形状公差，只用于控制被测要素的形状误差。（　　）

项目四

零件定向公差与测量

被测实际要素的位置对基准要素所允许的变动全量称为位置公差。位置公差与形状公差的区别在于位置公差中存在基准要素，对被测要素起到定向或定位作用。位置公差又分为定向公差、定位公差和跳动公差。定向公差指实际要素对基准要素在方向上允许的变动全量，具有确定方向的功能，即确定被测要素相对于基准要素的方向精度。

任务一 用百分表测量平行度误差

任务引入

工件加工过程中，出现的主要质量问题包括尺寸公差超差和形位公差超差导致的工件报废。其中，形位公差（如工件平行度）超差主要由工件装夹不合理或夹具（如平口虎钳）本身的误差引起。平口虎钳底板上、下平面的平行度误差直接影响它与平口虎钳底座的装配精度，从而影响整个平口虎钳的装夹精度，最终导致所装夹工件的形位公差超差。因此，在使用平口虎钳装夹工件之前，往往要对其底板的平行度误差进行检测，如图 4-1 所示。

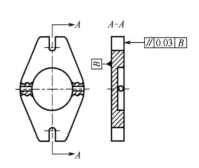

图 4-1 平口虎钳底板零件图

任务目标

◆ **知识目标**

（1）熟悉常用的平行度误差检测器具和检测方法。

（2）掌握形位公差的标注方法。

◆ **技能目标**

（1）会测量平行度误差。

（2）会对测量数据进行处理并对零件的合格性进行评定。

器材准备 ||||

（1）被测零件：平口虎钳（图4-2）和底板。

图4-2 平口虎钳

（2）测量器具：百分表及表架（图4-3）。

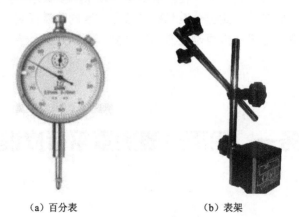

（a）百分表 （b）表架

图4-3 百分表及表架

知识链接 ||||

一、平行度的定义

平行度指加工后零件上的面、线或轴线相对于该零件上作为基准的面、线或轴线不平行的程度，如长方形零件上、下两平面不平行的程度，同一平面上两孔的轴线不平行的程度等，它是限制被测实际要素在平行方向上变动量的一项指标。

二、平行度公差带的含义及标注

根据被测要素和基准要素的几何特征，可将平行度公差分为线对线、线对面、面对线和面对面4种情况。平行度公差带的含义及标注见表4-1。

表 4-1　平行度公差带的含义及标注

特　征	公差带含义	标注示例和解释
线对线	公差带为间距等于公差值 t、平行于基准线的两平行平面所限定的区域 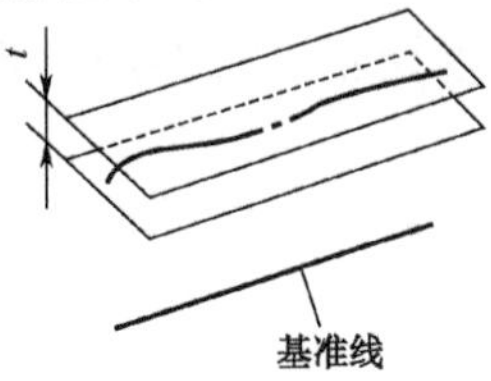 	提取（实际）中心线限定在间距等于 0.1mm、平行于基准线 A 和基准平面 B 的两平行平面之间 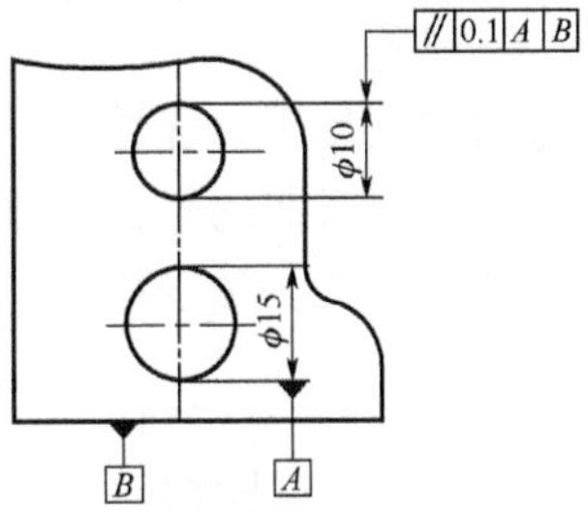
线对线	若公差值前加注了符号 ϕ，则公差带为平行于基准线、直径等于公差值 ϕt 的圆柱面所限定的区域 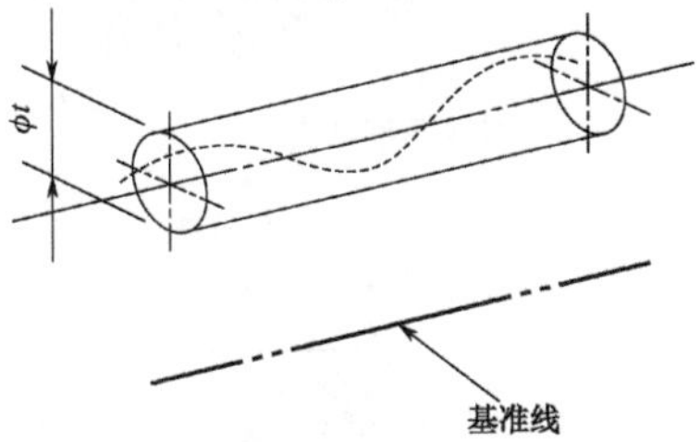 	提取（实际）中心线应限定在平行于基准线 A、直径等于 $\phi 0.03$mm 的圆柱面内 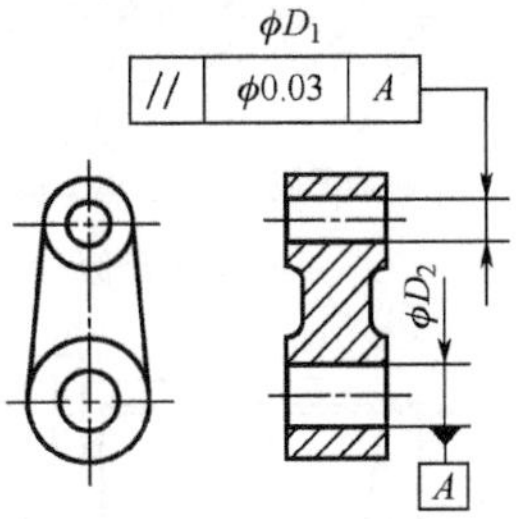
线对面	公差带为平行于基准平面、间距等于公差值 t 的两平行平面所限定的区域 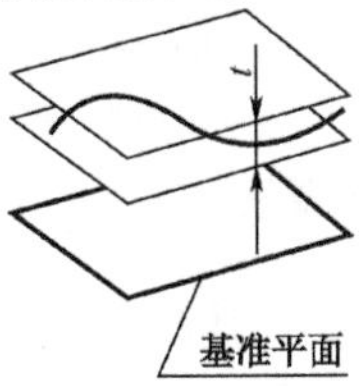 	提取（实际）中心线应限定在平行于基准平面 B、间距等于 0.01mm 的两平行平面之间 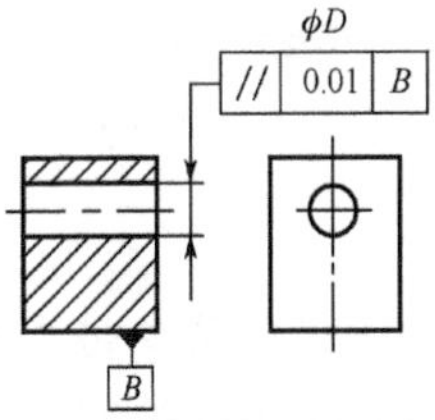
面对线	公差带为间距等于公差值 t、平行于基准线的两平行平面所限定的区域 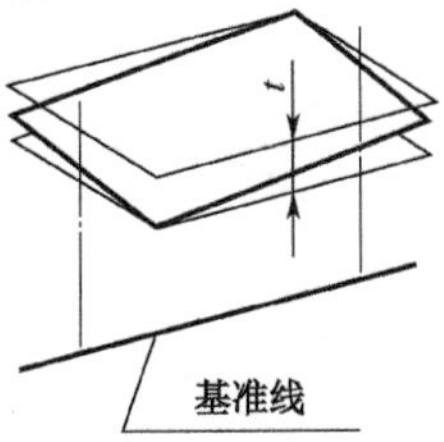 	提取（实际）表面应限定在间距等于 0.1mm、平行于基准线 C 的两平行平面之间 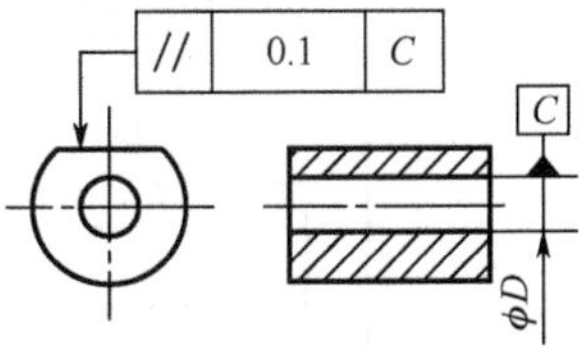
面对面	公差带为间距等于公差值 t、平行于基准平面的两平行平面所限定的区域 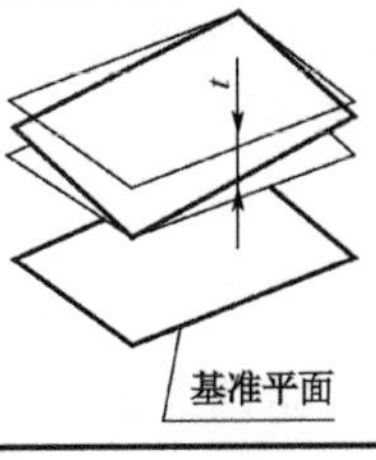 	提取（实际）表面应限定在间距等于 0.01mm、平行于基准平面 D 的两平行平面之间 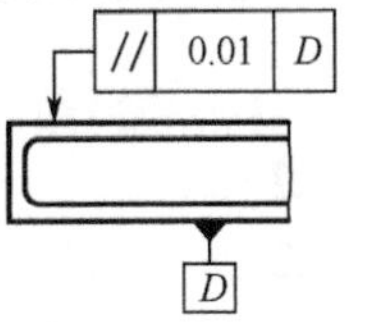

任务实施 ||||

一、测量面对面的平行度误差

1. 任务分析

本任务要求测量平口虎钳上、下平面间的平行度误差（图 4-1）。被测要素和基准要素均为平面，属于面对面的平行度误差测量。

在有基准要素的测量过程中，通常用模拟法体现基准要素，如图 4-4 所示。

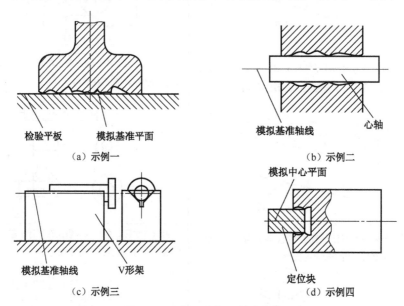

（a）示例一　　检验平板　模拟基准平面

（b）示例二　　模拟基准轴线　心轴

（c）示例三　　模拟基准轴线　V形架

（d）示例四　　模拟中心平面　定位块

图 4-4　用模拟法体现基准要素

面对面的平行度公差带为间距等于公差值 t 且平行于基准平面的两平行平面之间的区域。例如，图 4-5 中的被测表面必须位于间距等于公差值 0.05mm 且平行于基准平面 A 的两平行平面之间。

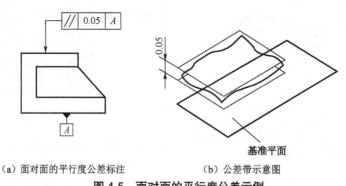

| // | 0.05 | A |

（a）面对面的平行度公差标注　　（b）公差带示意图

0.05　基准平面

图 4-5　面对面的平行度公差示例

2. 实施步骤

1）测量器具

准备百分表、表座、表架、平台、被测件、棉布、防锈油等。

2）测量步骤

（1）如图4-6所示，将被测零件放置在测量平台上，以底板底面作为基准面。

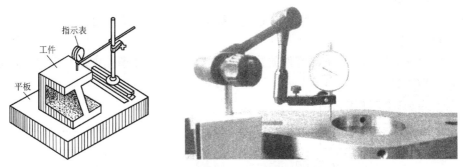

图 4-6　面对面的平行度误差的检测方法

（2）安装好表座、表架、百分表，调节表架，使百分表的测头垂直于被测面，且将百分表的指针压半圈以上，转动表盘调节指针归零。

（3）在整个被测表面上多方向地移动表架进行测量，并记录测量值 M。

（4）选出测量值 M 中的最大值 M_{max} 与最小值 M_{min}。

（5）利用公式 $\Delta = M_{max} - M_{min}$ 计算平行度误差。

（6）判断零件平行度误差是否符合要求。如果 $\Delta \leqslant \Delta_{标准}$，则零件平行度误差符合要求。

（7）将测量结果填入检测报告，判断零件的合格性。

3）数据处理

根据测得的数据 M_{max} 和 M_{min}，计算平行度误差 $\Delta = M_{max} - M_{min}$。

4）检测报告

按步骤完成测量并将被测零件的相关信息及测量结果填入检测报告（表4-2）。

表 4-2　平行度误差检测报告

测量数据记录									
序号	M_1	M_2	M_3	M_4	M_5	M_6	M_7	M_8	M_9	M_{10}
数据										
序号	M_{11}	M_{12}	M_{13}	M_{14}	M_{15}	M_{16}	M_{17}	M_{18}	M_{19}	M_{20}
数据										
平行度误差 $\Delta = M_{max} - M_{min} =$								结论：		

二、测量线对面的平行度误差

1. 任务分析

图 4-7 为平口虎钳活动钳口，现在要求测量活动钳口销孔与钳口夹紧面之间的平行度误差。

由图 4-7 可知，被测要素为孔轴线，基准要素为活动钳口夹紧面，属于线对面的平行度误差测量。

线对面的平行度公差带为距离等于公差值 t 且平行于基准平面的两平行平面之间的区域。例如，在图 4-8 中，被测要素为孔的轴线，基准要素为零件的下表面，被测实际轴线必须位于距离为公差值 0.01mm 且平行于基准平面 B 的两平行平面之间。

2．实施步骤

1）测量器具

准备百分表、表座、表架、平台、心轴、被测件、棉布、防锈油等。

2）测量步骤

（1）按图 4-9 所示，将被测零件放置在测量平台上，并在销孔中插入心轴，固定好被测零件。

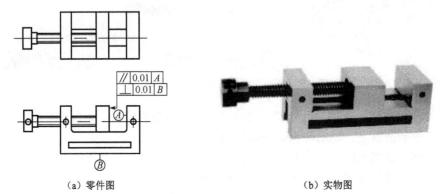

（a）零件图　　　　　　　　　　　　　　（b）实物图

图 4-7　平口虎钳活动钳口

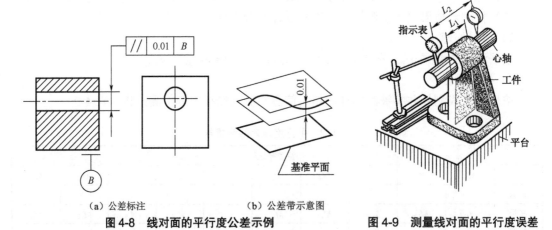

（a）公差标注　　　　　　　（b）公差带示意图

图 4-8　线对面的平行度公差示例　　　　**图 4-9　测量线对面的平行度误差**

（2）安装好表座、表架、百分表，调节表架，使百分表的测头垂直于心轴，且将百分表的指针压半圈以上，转动表盘调节指针归零。

（3）在心轴上确定测量长度 L_2，并测出被测零件孔长 L_1，将数据记入检测报告中。

（4）移动表架，在心轴 L_2 长度的左右两端分别进行测量，并记录测量数据 M_1 和 M_2。

（5）完成检测报告，清洁并整理测量器具。

3）数据处理

根据测得的数据 M_1 和 M_2，垂直方向的平行度误差为

$$\Delta = L_1 \times |M_1 - M_2|/L_2$$

式中，L_1 为被测轴线长度；L_2 为百分表两个位置的距离；M_1、M_2 为测量长度 L_2 两端百分表读数。

4）检测报告

按步骤完成测量并将被测件的相关信息及测量结果填入检测报告（表4-3）。

表4-3　平行度误差检测报告（线对面）

测量数据记录		
$L_1=$	$L_2=$	
百分表读数	$M_1=$	$M_2=$
平行度误差 $\Delta = L_1 \times |M_1 - M_2|/L_2 =$	结论：	

除了上述测量方法外，也可以用杠杆百分表来测量（图4-10）。将工件放在V形架上，使测头与 A 端孔表面接触，左右慢慢移动表座，找出工件孔径最低点，调整指针至零位，将表座慢慢向 B 端拉出。A、B 两端指针最低点和最高点在全程上读数的最大值，就是全部长度上的平行度误差。

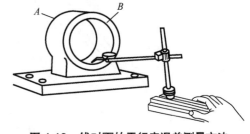

图4-10　线对面的平行度误差测量方法

三、测量线对线的平行度误差

1. 测量任务

本任务要求测量图4-11所示连杆两孔轴线的平行度误差。

图4-11 中，连杆上的两孔轴线有平行度要求。被测实际轴线应位于平行于基准轴线、直径等于 0.02mm 的圆柱面所限定的区域内。

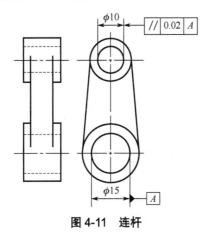

图4-11　连杆

2. 测量方案

测量时，基准轴线和被测轴线均由根据孔径配制的心轴来模拟，将被测零件放在等高支承（V形块或等高顶尖座）上，在距离为 L 的两个位置上分别用百分表测量，然后利用相关公式计算出平行度误差。

3. 实施步骤

1）测量器具

准备百分表、表座、表架、平台、心轴、被测件、棉布、防锈油等。

2）测量步骤

（1）按图 4-12 所示，在被测零件的两孔中分别插入心轴 I-I 和 II-II，并将心 I-I 选做基准轴线。

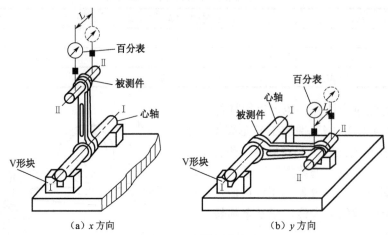

（a）x 方向　　　　　（b）y 方向

图 4-12　测量示意图

（2）将心轴 I-I 放在等高的 V 形块中（或等高顶尖座上），且使 I-I 轴线及包含 II-II 轴线上一个端点所构成的平面垂直于平台，用 90° 角尺校正后固定好被测零件。

（3）调平 I-I 心轴。通过调节表架，使百分表的测头在 I-I 心轴的一端最高点，且将百分表的指针压下半圈以上，转动表盘使指针归零；再移动表架至 I-I 心轴另一端最高点，读出百分表上的读数，判断两端点的高低情况并进行调整，使两端读数相同后固定零件。

（4）在 II-II 心轴上确定测量长度 L，并测出零件孔长 l。

（5）移动表架，在 II-II 心轴的 L 长度的左右两端分别进行测量，并记录该方向上的测量数据 h_1 和 h_2。

（6）改变位置，使 I-I 轴线及包含 II-II 轴线上一个端点所构成的平面与平台平行。方法同上，调平 I-I 心轴，然后在 II-II 心轴的测量长度 L 的左右两端分别进行测量，并记录该方向上的测量数据 h_1 和 h_2。

（7）完成检测报告，清洁并整理测量器具。

3）数据处理

分别按水平和垂直方向进行测量后，取各测量位置所对应平行度误差值中的最大值作为该方向的平行度误差。平行度误差计算公式为

$$\Delta = \frac{l}{L} = |h_1 - h_2|$$

式中，l 为孔长；L 为测量长度；h_1、h_2 为测量长度 L 两端读数。

在分别测得 x 方向上的误差值 F_x、y 方向上的误差 F_y 后，按 $\Delta = \sqrt{F_x^2 + F_y^2}$ 确定线对线的平行度误差。

4）检测报告

按步骤完成测量并将被测件的相关信息及测量结果填入检测报告单。

面对线的平行度误差的测量方法

假设要测量图 4-13 所示衬套的平行度（面对线）误差并判断其合格与否。

由图 4-13 可知，被测要素为平面，基准要素为中心轴线，属于面对线的平行度误差测量。

面对线的平行度公差带为距离等于公差值 t 且平行于基准线的两平行平面之间的区域。如图 4-14 所示，要求被测表面必须位于距离等于公差值 0.05mm 且平行于基准线 A 的两平行平面之间。

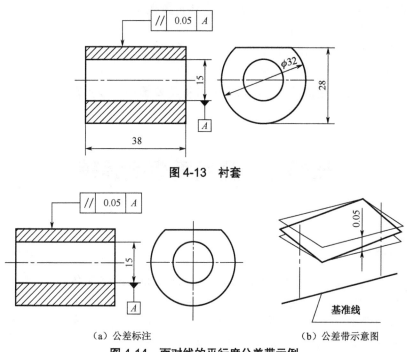

图 4-13　衬套

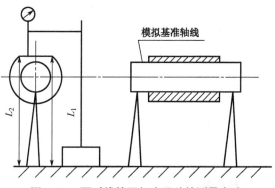

（a）公差标注　　　　　　　（b）公差带示意图

图 4-14　面对线的平行度公差带示例

被测要素为平面、基准要素为直线的平行度误差可以采用图 4-15 所示的方法来测量。

图 4-15　面对线的平行度误差的测量方法

任务实施评价

根据任务实施情况，认真填写附录3所示的评价表。

想想练练

1. 判断：

（1）某平面对基准平面的平行度误差为0.05mm，那么该平面的平面度误差一定不大于0.05mm。（　　）

（2）某实际要素存在形状误差，则一定存在位置误差。（　　）

2. 下列属于位置公差的有（　　）。

　　A．平行度　　　　B．平面度　　　　C．端面全跳动

　　D．倾斜度　　　　E．圆度

3. 简述公差标注时被测要素是轮廓要素和被测要素是中心要素的区别。

任务二　测量垂直度误差

任务引入

在工业生产中，面与面之间、线与线之间、线与面之间往往存在着垂直度要求。图4-16为角接支撑板，用于连接互相垂直的两个零件，其上有两组相互垂直的安装孔，它们的垂直度直接影响被连接件的位置关系。本任务将介绍垂直度误差的测量方法。

图4-16　角接支撑板

任务目标

◆ **知识目标**

（1）熟悉常用的垂直度误差测量器具和测量方法。

（2）掌握公差原则。

◆ **技能目标**

（1）学会测量垂直度误差。

（2）能对测量数据进行处理并对零件的合格性进行评定。

器材准备

（1）被测零件：角接支撑板等。

（2）测量器具：平台、百分表、表座、V形架等。

一、垂直度的定义

垂直度是指加工后零件上的面、线或轴线相对于该零件上作为基准的面、线或轴线不垂直的程度，如长方形零件上的侧平面与底平面不垂直的程度、圆盘零件的端面与轴线不垂直的程度等。垂直度公差是限制被测实际要素对基准要素在垂直方向上变动量的一项指标。

二、垂直度公差带的种类及含义

根据被测要素和基准要素的不同，零件垂直度公差分为线对线、面对线、线对面和面对面 4 种情况，见表 4-4。

表 4-4　垂直度公差的种类及含义

种类	垂直度公差的标注和公差带示例	含　义
线对线		1．被测要素、基准要素均为轴线 2．公差带是距离为公差值 0.02mm 且垂直于基准轴线的两平行平面之间的区域
面对线		1．被测要素为零件端面，基准要素是圆柱的轴线 2．被测实际表面必须位于距离为公差值 0.08mm 且垂直于基准轴线 A 的两平行平面之间
线对面		1．被测要素为轴线，基准要素为平面 2．被测实际轴线必须位于直径为公差值 0.01mm 且垂直于基准平面 A 的圆柱面内
面对面		1．被测要素为零件的右端面，基准要素为零件的底面 2．被测实际平面必须位于距离为公差值 0.08mm 且垂直于基准平面 A 的两平行平面之间

任务实施

一、测量面对线的垂直度误差

1．测量任务

本任务要求测量图 4-17 所示零件的垂直度误差。

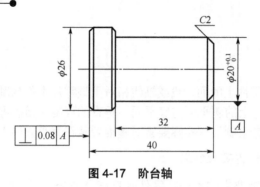

图 4-17　阶台轴

图 4-17 中，被测要素为工件的左端面，基准要素为 $\phi 20^{+0.1}_{0}$ 圆柱的中心线，属于面对线的垂直度误差测量。被测实际表面必须位于距离为公差值 0.08mm 且垂直于基准轴线 A 的两平行平面之间。

2．测量方案

将被测零件放在导向块内，基准轴线由导向块模拟（图 4-18），然后采用打表法测量。

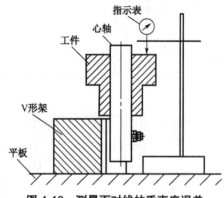

图 4-18　测量面对线的垂直度误差

3．实施步骤

1）测量器具

准备平台、百分表、表座、V 形架、被测件、心轴、棉布、防锈油等。

2）测量步骤

（1）将被测零件放置在导向块内，基准轴线由导向块模拟。

（2）使百分表测头与被测表面接触并保持垂直，将指针调零，且有 1～2 圈的压缩量。

（3）测量整个表面，并记录百分表读数。

（4）完成检测报告，整理测量器具。

3）数据处理

零件整个测量表面上读数的最大值 $M_{\max}$ 与最小值 $M_{\min}$ 之差即垂直度误差：

$$\Delta = M_{\max} - M_{\min}$$

式中，$M_{\max}$ 为百分表最大读数；$M_{\min}$ 为百分表最小读数。

4）检测报告

按步骤完成测量并将被测件的相关信息及测量结果填入检测报告（表 4-5）。

表 4-5　垂直度误差检测报告

测量数据记录									
序号	M_1	M_2	M_3	M_4	M_5	M_6	M_7	M_8	M_9	M_{10}
数据										
序号	M_{11}	M_{12}	M_{13}	M_{14}	M_{15}	M_{16}	M_{17}	M_{18}	M_{19}	M_{20}
数据										
垂直度误差 $\varDelta = M_{\max} - M_{\min} =$					结论：					

二、测量线对线的垂直度误差

1．测量任务

本任务要求测量图 4-19 所示零件中两孔轴线之间的垂直度误差并判断其合格与否。

图 4-19 中，被测要素和基准要素均为轴线，即以水平方向孔的轴线作为基准要素，以垂直方向孔的轴线作为被测要素，公差带是距离为公差值 0.02mm 且垂直于基准线的两平行平面之间的区域。

2．测量方案

在测量过程中，关键是放置零件时如何保证基准要素的垂直性。本任务中采用心轴，通过心轴的垂直性来保证基准要素的垂直性（图 4-20）。

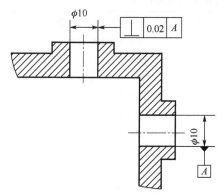

图 4-19　被测零件

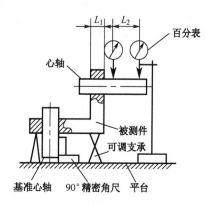

图 4-20　测量线对线的垂直度误差

3．实施步骤

1）测量器具

准备平台、百分表、表座、表架、心轴、可调支承、被测件、90°精密角尺、棉布等。

2）测量步骤

（1）将被测零件放在可调支承上（可调支承的数量根据零件的具体形状确定），将百分表装在表架上。

（2）将与孔成无间隙配合的可胀式心轴装入零件中。

（3）用 90°精密角尺调整基准心轴，使其与平台垂直。

（4）使百分表测头与心轴垂直，且将指针归零，在距离为 L_2 的两测量点记录百分表读数 M_1 和 M_2。

（5）完成检测报告，整理测量器具。

3）数据处理

计算垂直度误差：

$$\Delta = L_1 \times |M_1 - M_2|/L_2$$

式中，L_1 为被测轴线长度；L_2 为百分表两个测量位置间的距离。

4）检测报告

按步骤完成测量并将被测零件的相关信息及测量结果填入检测报告（表4-6）。

表4-6　垂直度误差检测报告（线对线）

测量数据记录				
数据	M_1	M_2	L_1	L_2
垂直度误差 $\Delta = L_1 \times |M_1 - M_2|/L_2 =$			结论：	

加油站

线对面、面对面的垂直度误差测量方法

线对面、面对面的垂直度误差测量方法见表4-7。

表4-7　线对面、面对面的垂直度误差测量方法

测量项目	测量方法示意图	测量步骤
线对面	被测件　百分表　90°角尺　转台	1. 将被测零件放置在转台上并使被测轮廓要素的轴线与转台中心对正 2. 使百分表与被测零件的外圆柱面接触，调零，按需要测量若干个轴向截面轮廓要素上的读数 M 3. 计算垂直度误差 $\Delta = (M_{max} - M_{min})/2$ 4. 评定测量结果
面对面	90°角尺　定位销　垂直表架　工件	1. 将90°角尺的基准面放在基准平台上，使垂直表架上的两个定位销与90°角尺接触，压缩百分表至适当位置，记下读数值 2. 把垂直表架移至被测零件，使垂直表架上的两个定位销与零件的被测表面接触，同时调整靠近基准的被测表面的读数相等 3. 分别在被测表面各个部分取多个点进行测量并记录读数 M 4. 计算垂直度误差 $\Delta = (M_{max} - M_{min})/2$ 5. 评定测量结果

注意事项：

（1）在面对面的垂直度误差测量中，如果垂直度精度要求不高，也可以采用90°角尺加塞规来进行测量。

（2）以面作为基准要素时，如果基准面较大，为了提高测量精度，可用点支撑的形式；如果基准面较小，测量精度要求不高，可直接用面支撑的形式。

任务实施评价 ▌▌▌

根据任务实施情况,认真填写附录 3 所示的评价表。

想想练练 ▌▌▌

1. 判断:尺寸公差与形位公差采用独立原则时,零件加工实际尺寸和形位误差中有一项超差,则该零件不合格。( )

2. 判断:当包容要求用于单一要素时,被测要素必须遵守最大实体实效边界要求。( )

3. 判断:当最大实体要求用于被测要素时,被测要素的尺寸公差可补偿给形位误差,形位误差的最大允许值应小于给定的公差值。( )

4. 什么是包容要求?为什么包容要求多用于配合性质要求较严的场合?

5. 检测图 4-21 所示零件的垂直度误差并判断其是否合格。

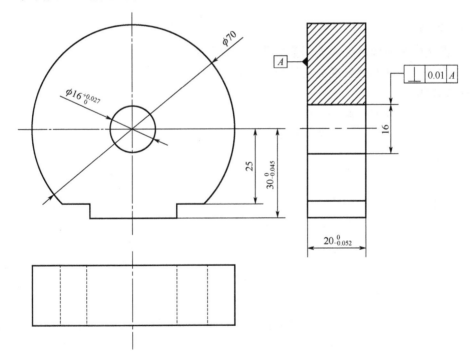

图 4-21 零件图

任务三　用正弦规和千分表测量倾斜度误差

任务引入

在实际生产中，零件上的几何元素并非都是平行或垂直的，如圆锥的素线和底面。如何判断这些成一定角度的几何元素的加工是否符合设计要求是一个相当困难的问题。

通过引入正弦规，我们可以将原本倾斜的几何元素转换成水平的几何元素，从而方便测量。本任务将介绍如何用正弦规来测量零件的倾斜度误差。

任务目标

◆ **知识目标**

（1）熟悉常用的倾斜度误差测量器具和测量方法。

（2）掌握倾斜度和倾斜度公差的相关概念。

◆ **技能目标**

（1）会用正弦规测量倾斜度误差。

（2）能对测量数据进行处理并对零件的合格性进行评定。

器材准备

（1）被测零件：铝制垫块（图4-22）。

（2）测量器具：千分表及表架、正弦规、量块等。

图4-22　铝制垫块

知识链接

一、倾斜度的定义

倾斜度是限制实际要素对基准要素在倾斜方向上变动量的一项指标。其公差带是距离为公差值 t 的两平行平面之间的区域，且平行平面与基准要素成理论正确角度。倾斜度公差用于限制被测实际要素对基准要素在倾斜方向上的变动全量。

二、倾斜度公差带的含义及标注

倾斜度公差带的含义及标注见表4-8。

表 4-8　倾斜度公差带的含义及标注

特征	公差带含义	标注示例和解释
线对线	公差带为间距等于公差值 t 的两平行平面所限定的区域。该两平行平面按给定角度倾斜于基准线 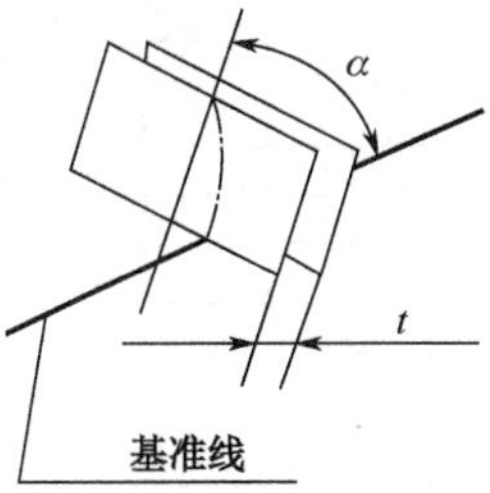 	提取（实际）中心线应限定在间距等于 0.08mm 的两平行平面之间。该两平行平面按理论正确角度 60° 倾斜于基准轴线 A—B 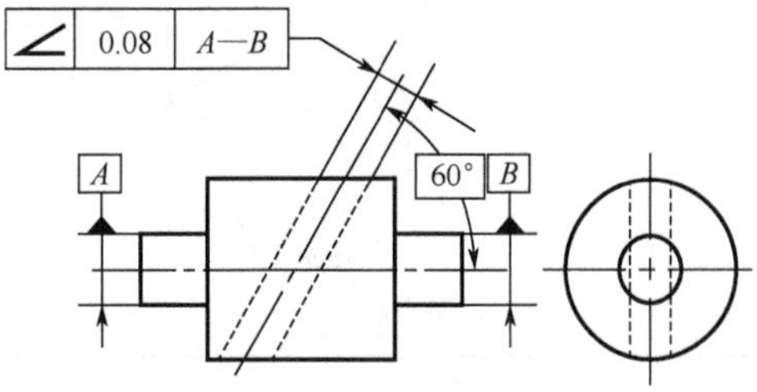
线对面	公差带为间距等于公差值 t 的两平行平面所限定的区域。该两平行平面按给定角度倾斜于基准平面 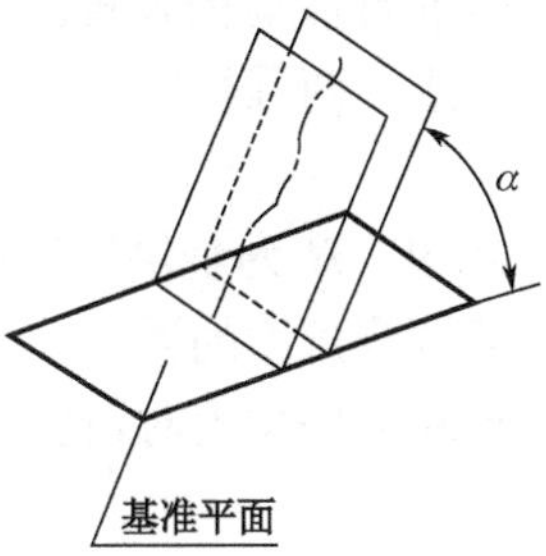 	提取（实际）中心线应限定在间距等于 0.08mm 的两平行平面之间。该两平行平面按理论正确角度 60° 倾斜于基准平面 A 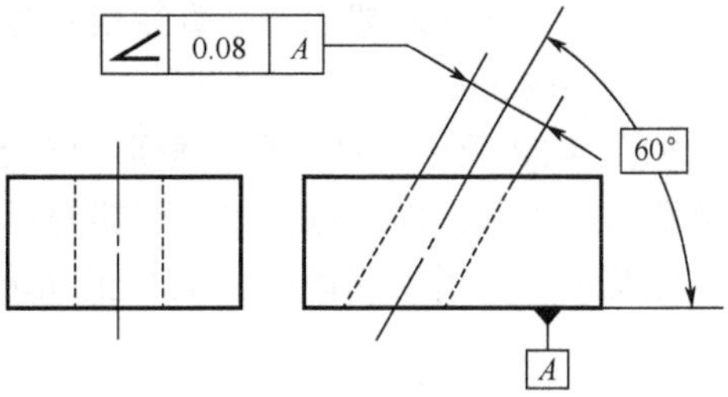
线对面	公差值前加注符号 ϕ，公差带为直径等于公差值 ϕt 的圆柱面所限定的区域，该圆柱面的轴线按给定角度倾斜于基准平面 A 且平行于基准平面 B 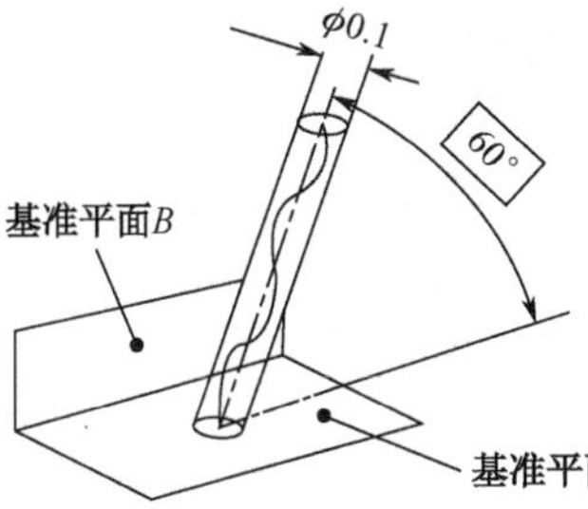 	提取（实际）中心线应限定在直径等于 $\phi 0.1$mm 的圆柱面内。该圆柱面的轴线按理论正确角度 60° 倾斜于基准平面 A 且平行于基准平面 B 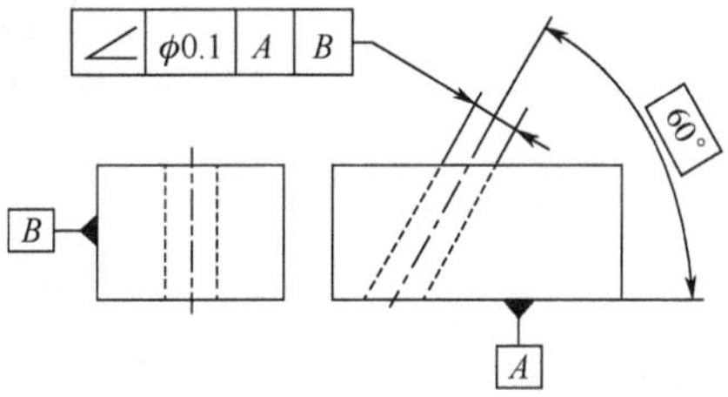
面对面	公差带为间距等于公差值 t 的两平行平面所限定的区域。该两平行平面按给定角度倾斜于基准平面 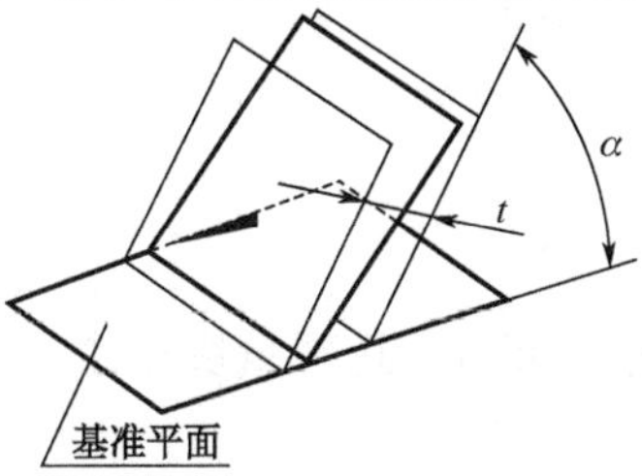 	提取（实际）表面应限定在间距等于 0.08mm 的两平行平面之间。该两平行平面按理论正确角度 40° 倾斜于基准平面 A 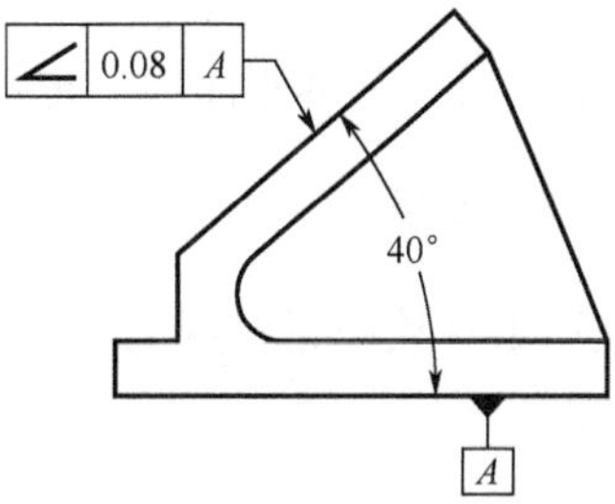

续表

特征	公差带含义	标注示例和解释
面对线	公差带为间距等于公差值 t 的两平行平面所限定的区域。该两平行平面按给定角度倾斜于基准线 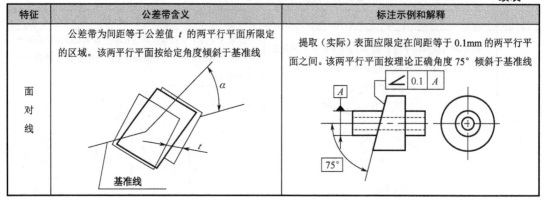	提取（实际）表面应限定在间距等于 0.1mm 的两平行平面之间。该两平行平面按理论正确角度 75° 倾斜于基准线

三、正弦规

正弦规又称正弦尺，是一种利用正弦定理测量角度和锥度等的量规。它主要由一钢制长方体和固定在其两端的两个直径相同的钢制圆柱体组成。两圆柱体的轴线距离 L 一般为 100mm 或 200mm。

如图 4-23 所示，在直角三角形中有 $\sin\alpha = H/L$。式中，H 为量块组尺寸，按被测角度的公称角度算得。根据测微仪在两端的示值之差可求得被测角度的误差。

正弦规一般用于测量小于 45° 的角度，在测量小于 30° 的角度时，精确度可达 3″～5″。

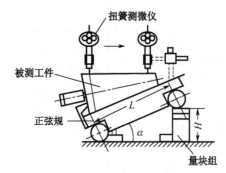

图 4-23　测量示意图

任务实施

一、任务解读

被测要素为垫块的上倾斜面，基准要素为垫块的底面。垫块的上倾斜面必须位于间距等于公差值 t 且与基准平面成一定角度 α 的两平行平面之间。

二、测量方案

将被测零件放在正弦规上，计算正弦规要垫起的高度，选择量块支撑，然后用千分表进行测量。

三、测量器具

准备千分表、表座、表架、正弦规、量块、平板、被测件、棉布、防锈油等。

四、测量步骤

（1）计算正弦规一端要垫起的高度，并选出合适的量块。

（2）将选中的量块叠放在正弦规一端，使零件表面水平。

（3）将千分表校零，并用手轻触千分表的测头，检查测杆和指针的运动是否顺畅。

（4）将千分表安装到表架上，使测头和待测表面垂直接触。

（5）调整零件，使千分表在被测表面上的示值差为最小。

（6）在被测表面均匀选取若干个位置进行测量，记录相关数据。

五、数据处理

零件整个测量表面上读数的最大值 M_{max} 与最小值 M_{min} 之差即倾斜度误差：

$$\Delta = M_{max} - M_{min}$$

式中，M_{max} 为千分表最大读数；M_{min} 为千分表最小读数。

六、检测报告

按步骤完成测量并将被测件的相关信息及测量结果填入检测报告（表4-9）中。

表 4-9　倾斜度误差检测报告

测量数据记录									
序号	M_1	M_2	M_3	M_4	M_5	M_6	M_7	M_8	M_9	M_{10}
数据										
序号	M_{11}	M_{12}	M_{13}	M_{14}	M_{15}	M_{16}	M_{17}	M_{18}	M_{19}	M_{20}
数据										
倾斜度误差 $\Delta = M_{max} - M_{min} =$						结论：				

七、成果交流

（1）测量倾斜度的方法和测量平面度及平行度的方法有什么不同？

（2）如何根据被测角度计算并选择合适的量块配合正弦规？

（3）测量过程中出现了哪些问题？这些问题是如何解决的？

加油站

测量倾斜度误差的方法

1. 用指示表类仪器测量

如图 4-24 所示，将被测零件放在定角座上。调整被测零件，使指示表在整个被测表面的示值差为最小。取指示表示值的最大值与最小值之差作为该零件的倾斜度误差。定角座可用正弦尺或精密转台代替。

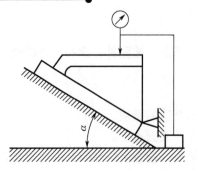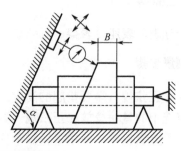

图 4-24　用指示表类仪器测量

2．用水平仪测量

测量方法如图 4-25 所示。

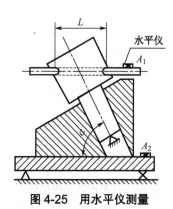

图 4-25　用水平仪测量

任务实施评价

根据任务实施情况，认真填写附录 3 所示的评价表。

想想练练

1．形位公差带是距离为公差值 t 的两平行平面之间区域的有（　　）。

    A．平面度　　　　　　　　　　B．任意方向的线的直线度

    C．给定一个方向的线的倾斜度　D．任意方向的线的位置度

    E．面对面的平行度

2．在任意方向上轴线对基准平面的倾斜度公差带是_____。

3．简述平行度、垂直度和倾斜度误差的异同。

4．形位公差的选择原则有哪些？

项目五

零件定位公差与测量

定位公差是关联实际被测要素对具有确定位置的理想要素所允许的变动全量。根据被测要素和基准要素之间的功能关系，定位公差分为位置度公差、同轴度公差和对称度公差三个项目。定位公差不但具有确定的方向，而且具有确定的位置，其相对于基准的尺寸为理论正确尺寸。本项目主要介绍测量对称度、位置度及同轴度误差的方法，分为三个任务实施。

任务一　用百分表测量对称度误差

任务引入

轴是组成机器最基本和最重要的零件之一，一切做旋转运动的零件（如轮毂）都必须安装在轴上才能实现旋转和动力传递。在电动机、机床、减速器等设备中，为保证轴与轮毂的连接强度和扭矩传递精度，以及轴上的键和键槽的工作寿命，通常对键槽的对称度有严格的技术要求。

怎么测量键槽的对称度误差呢？让我们一起来了解对称度公差，学习用百分表测量对称度误差的方法。

任务目标

◆ **知识目标**

（1）熟悉对称度公差的标注方法及相关概念。

（2）掌握对称度误差的测量和评定方法。

◆ **技能目标**

（1）能正确使用百分表等工具测量零件的对称度误差。

（2）能对测量数据进行处理并评定零件的合格性。

器材准备

（1）被测零件：键槽轴（图 5-1）。

图 5-1　键槽轴

（2）测量器具：百分表、表架、划线平板、V 形架等。

知识链接

一、对称度的定义

对称度是限制理论上要求共面的被测要素偏离基准要素的一项指标。对称度公差是实际要素所允许的最大变动量。

二、对称度公差的标注及公差带含义

典型对称度公差的标注及公差带含义见表 5-1。

表 5-1　典型对称度公差的标注及公差带含义

特　征	功能	公差带含义	标注示例和解释
面对面	用于限制被测要素中心平面对基准要素中心平面的共面性的误差	公差带是距离为公差值 t，且对基准中心平面对称配置的两平行平面之间的区域	提取（实际）中心平面应限定在间距等于 0.08mm，且对公共基准中心平面 $A—B$ 对称配置的两平行平面之间
面对线	用于限制被测要素中心平面对基准要素中心平面或轴线的共线性的误差	公差带是距离为公差值 t，且对基准轴线对称配置的两平行平面之间的区域	提取（实际）平面必须位于距离为公差值 0.1mm，且对基准轴线 A 对称配置的两平行平面之间

任务实施

一、测量器具

准备百分表、表座、表架、划线平板、V 形架、被测件、棉布、防锈油等。

二、测量方法

对称度误差的测量方法很多，应根据实际情况选用简单易行的方法。例如，对于表 5-1 中的第一个示例，可选用以下两种测量方法。

测量方法一：如图 5-2（a）所示，将被测零件放置在检验平板上，先测量一个被测表面与检验平板之间的距离，然后将被测零件翻转过来，测量另一被测表面与平板之间的距离。取测量截面内对应两测点的最大差值作为该零件的对称度误差。该测量方法对测量条件要求不高，易操作，适用面广，适宜于测量中、低精度的零件。

测量方法二：如图 5-2（b）所示，分别测出定位块两个表面与平板之间的距离，取两个距离的最大差值作为零件的对称度误差。

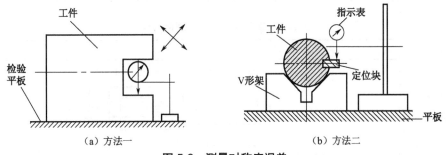

（a）方法一 　　　　　　　　（b）方法二

图 5-2　测量对称度误差

三、测量步骤

（1）将划线平板、V 形架和待测零件清理干净。

（2）将定位块装入零件的键槽中，必要时应进行研合，定位块不能有松动现象。

（3）将被测零件放在 V 形架上。

（4）将百分表安装到表架上，使百分表测杆与待测平面保持垂直。

（5）转动 V 形架上的零件，使定位块上表面横向与平板平行，如图 5-3 所示。

（6）分别测量出定位块两端（A—A 和 B—B 截面）P 面离平板的距离，并记录数值。

（7）将被测零件绕轴线旋转 180°，并调整定位块，使定位块上表面横向与平板平行。

（8）分别测量出定位块两端（A—A 和 B—B 截面）Q 面离平板的距离，并记录数值。

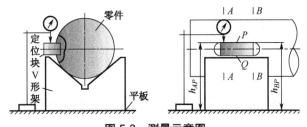

图 5-3　测量示意图

　小提示

当对称度公差遵循独立原则，且为单件或小批量生产时，用普通测量器具测量。在大批量生产中，键槽的对称度由工艺保证，加工过程中一般不必检验。

四、数据处理

设测量截面上、下两对应点的读数差绝对值为 a，则该截面的对称度误差为

$$F = \frac{ah}{d-h}$$

式中，h 为键槽深度；d 为轴径。

取长度方向上两点最大读数差作为该方向的对称度误差。

取两个方向上测得误差的最大值作为该零件的对称度误差。

五、测量报告

按步骤完成测量并将被测件的相关信息及测量结果填入测量报告（表 5-2）。

表 5-2　键槽对称度误差测量报告

测量器具	百分表　　　测量范围＿＿＿＿　　　分度值＿＿＿＿		
被测零件 （零件图）	 （零件图） 		
测量点	A—A	B—B	对称度误差
P 面数值			$F_{长}=$
Q 面数值			
截面对称度误差			$F_{横}=$
结论			

六、成果交流

（1）应用平台测量法测量对称度误差，其属于直接测量还是间接测量？

（2）测量时，如何确定定位块上表面与平板已经平行？

（3）测量过程中出现过哪些问题？这些问题又是如何解决的？

任务实施评价

根据任务实施情况，认真填写附录 3 所示的评价表。

想想练练

1. 用平台测量法测量对称度误差，实际误差要经过计算才能得到，故属于（　　）测量。

　　A．直接　　　　B．间接　　　　C．绝对　　　　D．相对

　　E．非接触　　　F．接触

2. 关于对称度公差，下列论述正确的是（　　）。

　　A．属于形状公差　　　　　　B．属于位置公差

　　C．公差带为两圆柱面内的区域　　D．公差带为两平行平面之间的区域

3. 键槽对轴线的（　　）误差将直接影响平键连接的可装配性和工作的接触情况。

A．平面度　　　　B．对称度　　　　C．垂直度　　　　D．位置度

4．在标注对称度公差时，应（　　）基准。

A．有　　　　　　　　　　　　　B．无

C．可有可无　　　　　　　　　　D．根据实际情况确定

5．简述图 5-4 所示零件图中形位公差代号的含义，并填写表 5-3。

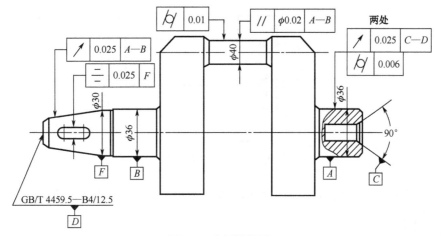

图 5-4　曲轴零件图

表 5-3　识读零件公差项目

序　号	项目名称	被测要素	基准要素	公差带形状	公　差　值
1					
2					
3					
4					
5					
6					

任务二　用百分表测量位置度误差

任务目标

◆ 知识目标

（1）熟悉位置度公差的标注方法及相关概念。

（2）掌握位置度误差的测量和评定方法。

◆ 技能目标

（1）能正确使用百分表等工具测量球心的位置度误差。

（2）能对测量数据进行处理并评定零件的合格性。

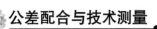

器材准备

（1）被测零件：带球面的杆（图 5-5）。

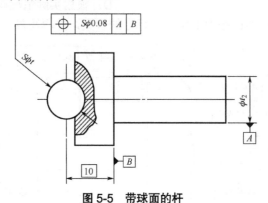

图 5-5　带球面的杆

（2）测量器具：百分表及表架、划线平板、V 形架、回转定心夹头等。

知识链接

一、位置度公差的相关概念

1．位置度公差

位置度是控制被测要素位置的一项指标。根据被测要素的不同，位置度分为点的位置度、线的位置度及面的位置度。

位置度公差用来控制被测要素的实际位置相对于其理想位置的变动量，其理想位置由理论正确尺寸及基准所确定。

理论正确尺寸是不附带公差的精确尺寸，在图样上用带方框的尺寸表示，以区别于未注尺寸公差的尺寸。

2．位置度公差的标注及公差带含义

位置度公差的标注及公差带含义见表 5-4。

表 5-4　位置度公差的标注及公差带含义

特征	功能	公差带含义	标注示例和解释
点的位置度	用于控制球心或圆心的位置误差	如公差值前面加注 $S\phi$，则公差带是直径为公差值 $S\phi t$ 的圆球面所限定的区域 B基准平面 $S\phi t$ A基准平面 10	提取（实际）球心必须位于直径为公差值 0.08mm 的球内，该球的球心位于由相对基准 A、B 和理论正确尺寸 10mm 所确定的理想位置上 $\boxed{\oplus}$ $S\phi0.08$ $\boxed{A}$ $\boxed{B}$ $S\phi t$ ϕ A 10 B

特征	功能	公差带含义	标注示例和解释
线的位置度	用于控制零件上孔的位置误差	如在公差值前面加注 ϕ，则公差带是直径为公差值 ϕt 的圆柱面所限定的区域，公差带的轴线位置由相对于三基准面体系的理论正确尺寸确定	被测孔的轴线必须位于直径为公差值 0.1mm，且以相对于 A、B、C 基准面所确定的理想位置为轴线的圆柱面内
面的位置度	用于控制面的位置误差	公差带是距离为公差值 t，以基准平面为中心面对称布置的两平行平面之间的区域	被测燕尾槽底面必须位于距离为 0.2mm，且以基准 A 为中心面对称布置的两平行平面之间

二、位置度误差的测量

位置度误差一般采用坐标测量法进行测量，即利用测量器具的坐标系，测出实际被测要素上各测量点对该坐标系的坐标值，再经过计算确定位置度误差值。

1. 点的位置度误差的测量

如图 5-6 所示，按基准调整被测零件，使其与测量装置的坐标方向一致，将测出的被测点坐标值 x、y 分别与相应的理论正确尺寸比较，得出差值 f_x、f_y，则被测点位置度误差为

$$f = \sqrt{f_x^2 + f_y^2}$$

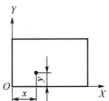

图 5-6　点的位置度误差测量示意图

2. 任意方向上线的位置度误差的测量

如图 5-7 所示，按基准调整被测零件，使其与测量装置的坐标方向一致，将心轴无间隙地安装在被测孔中，用心轴轴线模拟被测孔的实际轴线。在靠近被测零件的端面处测得 x_1、x_2、y_1、y_2，按下式分别计算出坐标尺寸 x、y：

$$x = \frac{x_1 + x_2}{2}$$

$$y = \frac{y_1 + y_2}{2}$$

将 x、y 分别与相应的理论正确尺寸比较，得出差值 f_x、f_y，则被测点位置度误差为

$$f = 2\sqrt{f_x^2 + f_y^2}$$

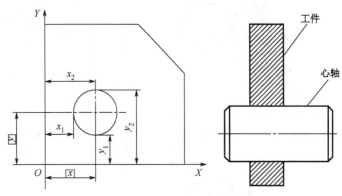

图 5-7 线的位置度误差测量示意图

然后按上述方法测量孔的另一端，取两端测量中所得较大误差值作为该零件的位置度误差。

💡 **小提示**

对于多孔孔组，可按上述方法逐孔测量和计算。若位置度公差带为给定两个方向的两组平行平面，则直接取 $2f_x$、$2f_y$ 分别作为该零件在两个方向上的位置度误差。测量时，应选用可胀式（或与孔成无间隙配合的）心轴。若孔的形状误差对测量结果的影响可以忽略，则无须用心轴，可直接在实际孔壁上测量。

3. 面的位置度误差的测量

调整被测零件在专用测量支架上的位置，使指示表的读数差为最小，指示表按专用的标准零件调零。在整个被测表面上测量若干点，取指示表读数最大值的两倍作为该零件的位置度误差，如图 5-8 所示。

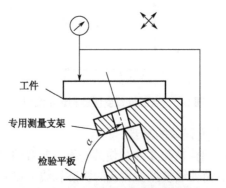

图 5-8 面的位置度误差测量示意图

任务实施

一、测量步骤

（1）安装被测零件。将被测零件用回转定心夹头定位，选择与球心直径一致的钢球放置在被测零件的球面内，这样做的目的是以钢球球心模拟被测球面的中心，如图 5-9（a）所示。

（2）安装百分表，并将百分表调零。

（3）将被测零件绕自身轴线回转一周，读取并记录径向百分表的读数和垂直方向百分表的读数，如图 5-9（b）所示。

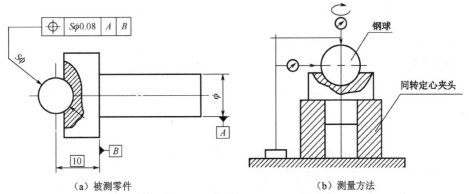

（a）被测零件   （b）测量方法

图 5-9 用百分表测量球心的位置度误差

二、测量数据处理及位置度误差评定

（1）将各测量点测得的数值填入测量报告中。

（2）确定最大位置度误差。

取径向百分表最大读数与最小读数之差的二分之一作为相对于基准轴线 A 的径向误差 f_x。

取垂直方向百分表最大读数作为相对于基准 B 的轴向误差 f_y。

按如下公式计算最大位置度误差 f：

$$f = 2\sqrt{f_x^2 + f_y^2}$$

（3）根据给定公差评定零件合格性。

（4）完成测量报告（表 5-5）。

三、成果交流

（1）用百分表测量零件的位置度误差属于间接测量还是直接测量？属于绝对测量还是相对测量？

（2）测量过程中出现过哪些问题？这些问题又是如何解决的？

（3）如何减少测量误差？

表 5-5　球心位置度误差测量报告

测量器具	百分表　　　　　　　测量范围＿＿＿＿＿　　　　　　分度值＿＿＿＿＿							
被测零件 （零件图）	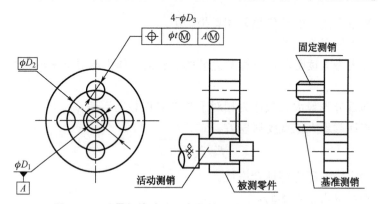							
测量点	1	2	3	4	5	6	7	8
径向读数								
垂直方向读数								
位置度误差								
结论								

加油站

直接用综合量规评定零件位置度合格性

位置度的合格性还可用综合量规检验。

对于图 5-10 所示的法兰盘零件，安装螺钉用的 4 个孔具有以中心孔轴线为基准的位置度要求。测量时，将量规的基准测销和固定测销插入零件相应孔中，再将活动测销插入其他孔中，如果测销都能插入零件和量规的对应孔中，就能判断 4 个孔的位置度合格。

图 5-10　用量规检验法兰盘零件上孔的位置度合格性

任务实施评价

根据任务实施情况，认真填写附录 3 所示的评价表。

想想练练

1．给定方向上的线的位置度公差值前＿＿＿＿＿＿＿加注符号"ϕ"。（填"应"或"不"）
2．空间点的位置度公差值前＿＿＿＿＿＿＿加注符号"$S\phi$"。（填"应"或"不"）

3．面的位置度公差带是_____之间的区域。

4．图 5-11 中位置度公差带的含义是_____。

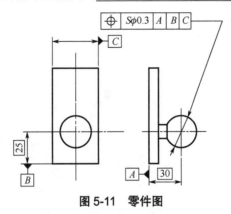

图 5-11　零件图

5．判断：位置度公差属于位置公差。（　　　）

6．判断：孔的轴线的位置度公差值前应加注符号"ϕ"。（　　　）

7．判断：位置度公差值的框格内标注符号"M"，表示被测要素采用最大实体要求给出的形位公差。（　　　）

任务三　用圆度仪测量同轴度误差

任务引入

　　各类轴的主轴颈不同轴（同轴度误差较大）时，会在旋转时产生离心力。离心力对整个机器会造成一定的影响，如机床的主轴因离心力引起振动，将严重影响机床的加工精度。又如，汽车发动机中的曲轴、滑动轴承与轴承座孔都要严格控制同轴度，否则将导致其技术性能明显下降，不能满足使用要求。

　　什么是同轴度呢？同轴度误差怎么检测呢？让我们一起来了解同轴度公差的概念及同轴度误差的检测方法，学会用圆度仪测量零件的同轴度误差。

任务目标

◈ **知识目标**

（1）熟悉同轴度公差的标注及相关概念。

（2）熟悉圆度仪的结构及使用方法。

◈ **技能目标**

（1）能正确使用圆度仪测量同轴度误差。

（2）能对测量数据进行处理并评定零件的合格性。

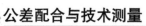

器材准备 ▌▌▌

（1）被测零件：轴（图 5-12）。

（2）测量器具：圆度仪（图 5-13）。

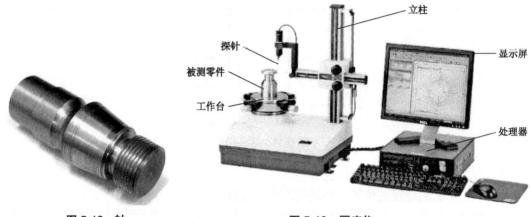

图 5-12　轴　　　　　　　　　　　图 5-13　圆度仪

知识链接 ▌▌▌

一、同轴度公差的相关概念

1．同轴度公差

同轴度是控制被测轴线（或圆心）与基准轴线（或圆心）的重合程度的指标。同轴度公差是被测轴线（或圆心）对基准轴线（或圆心）允许的变动全量。当被测要素与基准要素为轴线时，称为同轴度；当被测要素为圆心时，称为同心度。

2．同轴度公差的标注及公差带含义

同轴度公差的标注及公差带含义见表 5-6。

二、圆度仪的结构与工作原理

圆度仪分转台式（工作台旋转）和转轴式（传感器旋转）两种。如图 5-13 所示的圆度仪为转台式，它由立柱、旋转工作台、探针、处理器、显示屏等组成。

圆度仪是以高度精密的转台旋转轴线为基准，测量回转零件的径向尺寸变化的仪器。测量前，将被测零件放置在工作台上，并使零件与工作台旋转中心对正。测量时，探针与被测零件接触，被测零件表面实际轮廓引起的径向尺寸的变化由传感器转化为电信号，送到处理器处理，由显示屏显示结果。

圆度仪可根据零件形状和测量需要选配多种测头和夹持卡盘。圆度仪自带调整功能，测量方便、准确。进行测量操作时，只要选定要分析的项目，即可开始测量。圆度仪不仅可以用来测量同轴度误差，还能测量同心度、圆度、跳动等误差。

表 5-6　同轴度公差的标注及公差带含义

特征	功能	公差带含义	标注示例与解释
点的同心度	用于控制被测圆心对基准点同心的误差	公差值前标注符号ϕ，公差带为直径等于公差值ϕt的圆周所限定的区域。该圆周的圆心与基准点重合	在任意横截面内，内圆的提取（实际）中心应限定在直径等于$\phi 0.1mm$，以基准点A为圆心的圆周内
轴线的同轴度	用于控制被测轴线对基准轴线同轴的误差	公差值前标注符号ϕ，公差带为直径等于公差值ϕt的圆柱面所限定的区域。该圆柱面的轴线与基准轴线重合	要求台阶轴大圆柱的轴线必须位于直径为公差值$\phi 0.1mm$，且与基准轴线同轴的圆柱面内，即大圆柱的同轴度公差带是直径为公差值$\phi 0.1mm$的圆柱面内的区域，该圆柱面的轴线与基准轴线重合

任务实施

一、测量步骤

（1）将被测零件放在工作台上，并使零件与工作台旋转中心对正。

（2）选择测头形状。对于材料硬度低、尺寸小的零件，可选用圆柱形测头；对于材料硬度低、要求排除表面粗糙度影响的零件，可选用斧形测头；对于材料较硬的零件，可选用球形测头。

（3）通过软件选择要测量的同轴度项目。

（4）对不同截面进行数据采集。

（5）通过软件操作计算机处理数据，显示测量结果。

（6）根据给定的公差评定零件的合格性。

（7）完成测量报告（表 5-7）。

二、成果交流

（1）用百分表测量零件的同轴度误差属于绝对测量还是相对测量？

（2）圆度仪的测量范围、系统精度分别是多大？

（3）测量过程中出现过哪些问题？这些问题又是如何解决的？

表 5-7　零件同轴度误差测量报告

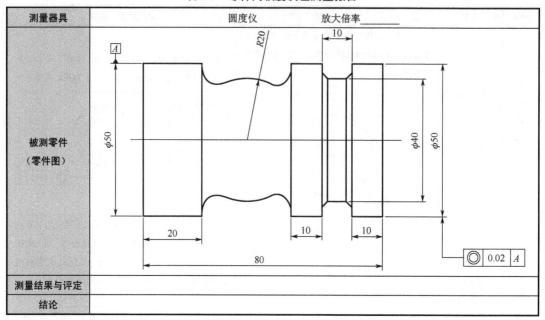

测量器具	圆度仪　　　　　放大倍率_____
被测零件（零件图）	
测量结果与评定	
结论	

任务实施评价

根据任务实施情况，认真填写附录 3 所示的评价表。

想想练练

1. 同轴度公差带的形状是_____。

2. 圆度仪适于测量尺寸较小的零件，若零件材料硬度较低，并要求排除表面粗糙度对同轴度的影响，应采用_____测头。

3. 图 5-14 中同轴度公差带的含义是什么？

4. 图 5-15 中同轴度公差带的含义是什么？

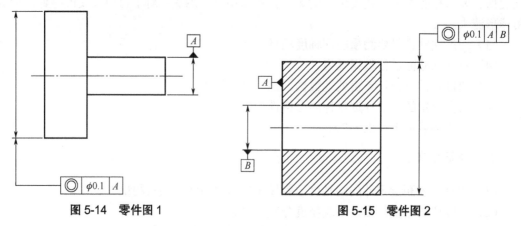

图 5-14　零件图 1　　　　　　　　　图 5-15　零件图 2

5. 说明图 5-16 中形位公差代号的含义，并填写表 5-8。

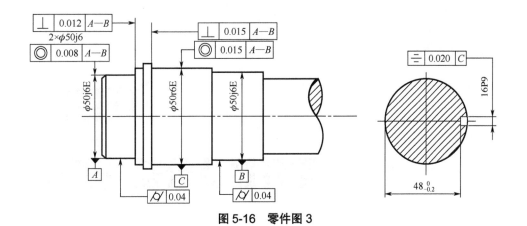

图 5-16　零件图 3

表 5-8　公差项目表

公差项目		被测要素	基准要素	公差值
形状				
定向				
定位				

项目六

零件跳动公差与测量

跳动公差指关联实际要素绕基准轴线回转一周或连续回转时所允许的最大跳动量。按被测要素旋转的情况，跳动公差可分为圆跳动公差和全跳动公差。当关联实际要素绕基准轴线回转一周时，为圆跳动公差；当关联实际要素绕基准轴线连续回转时，为全跳动公差。跳动公差是以检测方式定出公差项目的，具有综合控制形状误差和位置误差的功能，且检测简便，在生产中广为应用。

任务 用偏摆仪测量圆跳动误差

任务引入

在机械加工中离不开金属切削机床，其中机床主轴用于安装刀具或工件，它是刀具或工件的相对位置基础和运动基础，机床主轴径向跳动误差直接影响被加工零件的加工精度及表面粗糙度。因此，检测跳动误差是检验轴性能的一个重要手段。让我们一起来了解跳动公差，学会使用偏摆仪进行跳动误差的测量。

任务目标

◆ **知识目标**

（1）熟悉常用的跳动误差测量器具和测量方法。

（2）了解圆跳动公差和全跳动公差的异同。

（3）了解径向圆跳动公差和端面圆跳动公差的异同。

（4）掌握形位公差的选择原则。

◆ **技能目标**

（1）能正确使用指示表类量具和偏摆仪进行跳动误差的测量。

（2）能对测量数据进行处理和评定。

（1）被测零件：阶梯轴（图6-1）。

（2）测量器具：偏摆仪（图6-2）和千分表。

图6-1 阶梯轴

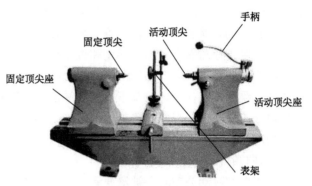

图6-2 偏摆仪

一、跳动公差的相关概念

1．圆跳动公差

跳动量是指示器在绕着基准轴线的被测量面上测得的。圆跳动公差指被测要素在某一固定参考点绕基准轴线旋转一周（零件和测量仪器间无轴向位移）时，指示器示值所允许的最大变动量 t。圆跳动公差适用于被测要素任意不同的测量位置。按检测方向与基准轴线位置关系的不同，圆跳动公差可分为径向圆跳动公差、端面圆跳动公差和斜向圆跳动公差。当检测方向垂直于基准轴线时，为径向圆跳动公差；当检测方向平行于基准轴线时，为端面圆跳动公差；当检测方向既不平行也不垂直于基准轴线，但一般应为被测表面的法线方向时，为斜向圆跳动公差。

1）径向圆跳动公差

测量径向圆跳动公差时，被测要素绕基准轴线旋转一周，有时也对部分圆周加以限制。径向圆跳动公差带是在垂直于基准轴线的任一测量平面内，半径差为公差值 t，且圆心在基准轴线上的两个同心圆之间的区域。

径向圆跳动公差是一个综合性误差项目，它综合反映了被测圆柱面的形状误差（圆度和轴线直线度误差）和位置误差（同轴度误差）。

显然，即使被测圆柱面的形状误差为零，只要有同轴度误差存在就会产生跳动。由于径向圆跳动公差有上述综合控制功能，且跳动检测较方便，因此，当圆柱面的形状误差很小时，常用它来控制同轴度误差。

径向圆跳动公差与同轴度公差是有区别的。径向圆跳动公差指被测圆柱面在测量平面内，各点与基准轴线间的最大与最小距离之差的允许值，其公差带是位于测量平面内且圆心在基准轴线上的两同心圆之间的区域，公差带的位置随被测圆柱面实际尺寸的变动而浮动。同轴度公差指被测轴线与基准轴线间允许最大偏离量的两倍，其公差带为与基准轴线

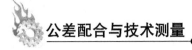

同轴且直径为公差值的圆柱面内的区域，公差带的位置固定不动。

2）端面圆跳动公差

测量端面圆跳动公差时，被测要素一般为回转体类零件的端面或台阶面，且与基准轴线垂直，测量方向与基准轴线平行。端面圆跳动公差带是在与基准轴线同轴的任一直径位置的测量圆柱面上，距离为公差值 t 的两圆之间的区域。

端面圆跳动公差和端面对轴线垂直度公差两者控制的效果不同。端面圆跳动公差是被测端面在给定直径圆周上的形状误差和位置误差的综合结果，而端面对轴线垂直度公差是整个被测端面的形状误差和位置误差的综合结果。

端面圆跳动误差在一定情况下能反映端面对基准轴线的垂直度误差。但应注意，当零件制成内凹或中凸时，端面圆跳动误差可能为零，但却存在着垂直度误差。所以，应根据零件的功能要求，选用相应的公差项目。

3）斜向圆跳动公差

测量斜向圆跳动公差时，被测要素为圆锥面或其他类型的曲线回转面，测量方向除另外有规定外应与被测面垂直。斜向圆跳动公差带是在与基准轴线同轴的任一测量圆锥面上，沿素线方向宽度为 t 的圆锥面区域。

2．全跳动公差

全跳动公差指被测要素绕基准轴线旋转若干次，测量仪器与工件间同时做轴向或径向相对位移时，指示器示值所允许的最大变动量。按被测要素绕基准轴线连续转动时测量仪器的运动方向与基准轴线的关系，全跳动公差可分为径向全跳动公差和端面全跳动公差。

1）径向全跳动公差

当测量仪器的运动方向与基准轴线平行时为径向全跳动公差。径向全跳动公差带是半径差为公差值 t，且与基准轴线同轴的两圆柱面之间的区域。

径向全跳动公差带与圆柱度公差带的形状相同，但前者公差带轴线的位置是固定的，而后者公差带轴线的位置是浮动的。

由于径向全跳动误差包括圆柱度误差和同轴度误差，所以当径向全跳动公差不大于给定的圆柱度公差时，可以肯定圆柱度误差不会超过同轴度误差。根据这一特性，可近似地用全跳动误差的测量代替圆柱度误差的测量。设计时，对于轴类零件，在满足功能要求的前提下，图样上应优先标注径向全跳动公差，尽量不标注圆柱度项目。

2）端面全跳动公差

当测量仪器的运动方向与基准轴线垂直时为端面全跳动公差。端面全跳动公差带是距离为公差值 t，且与基准轴线垂直的两平行平面之间的区域。

端面全跳动公差带与平面对轴线的垂直度公差带的形状相同，都是垂直于基准轴线的平行平面之间的区域。用上述两项目控制被测要素的结果也完全相同，但端面全跳动误差检测方法比较简单，因此在满足功能要求的前提下，应优先选用端面全跳动公差。

3．跳动公差的标注及公差带

圆跳动公差与全跳动公差的标注及公差带含义见表6-1。

表 6-1　圆跳动公差与全跳动公差的标注及公差带含义

分类	公差带含义	标注示例与解释
径向圆跳动公差	公差带为在垂直于基准轴线的任一横截面内，半径差为公差值 t，且圆心在基准轴线上的两个同心圆所限定的区域 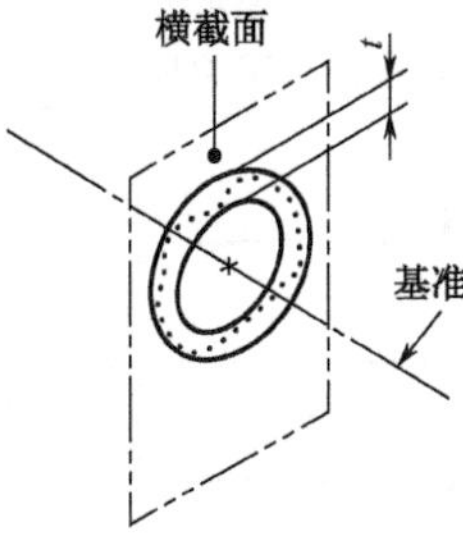 横截面 基准轴线	在任一垂直于基准轴线 A 的横截面内，提取（实际）圆应限定在半径差等于 0.1mm，圆心在基准轴线 A 上的两个同心圆之间（左图） 在任一平行于基准平面 B、垂直于基准轴线 A 的横截面上，提取（实际）圆应限定在半径差等于 0.1mm，圆心在基准轴线 A 上的两个同心圆之间（右图） 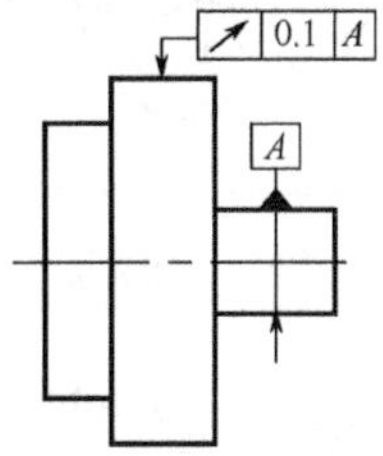 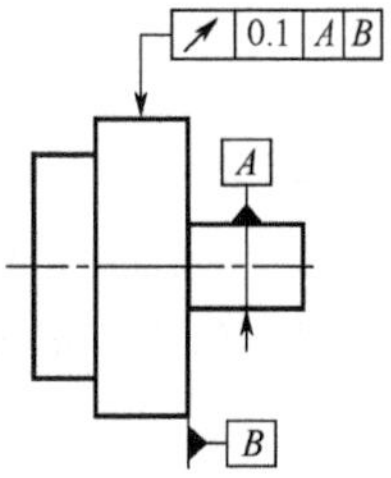 在任一垂直于公共基准轴线 A—B 的横截面内，提取（实际）圆应限定在半径差等于 0.1mm，圆心在基准轴线 A—B 上的两个同心圆之间 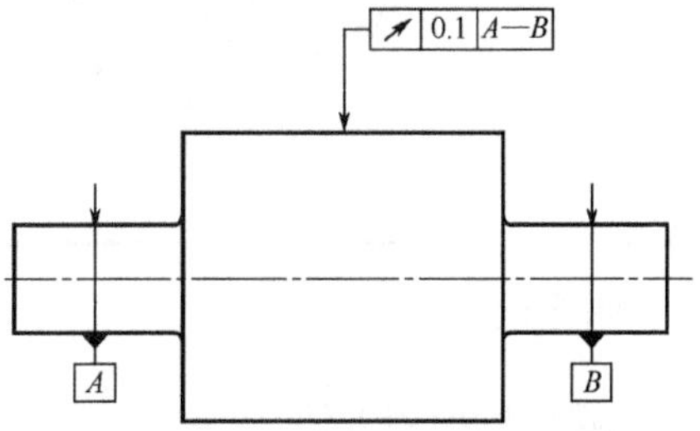
端面圆跳动公差	公差带为在与基准轴线同轴的任一直径的圆柱截面上，间距为公差值 t 的两圆之间的区域 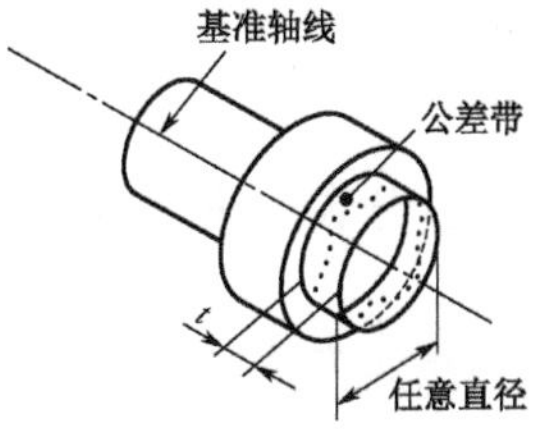 基准轴线 公差带 任意直径	在与基准轴线同轴的任一圆柱截面上，提取（实际）圆应限定在轴向距离等于 0.1mm 的两个端面之间 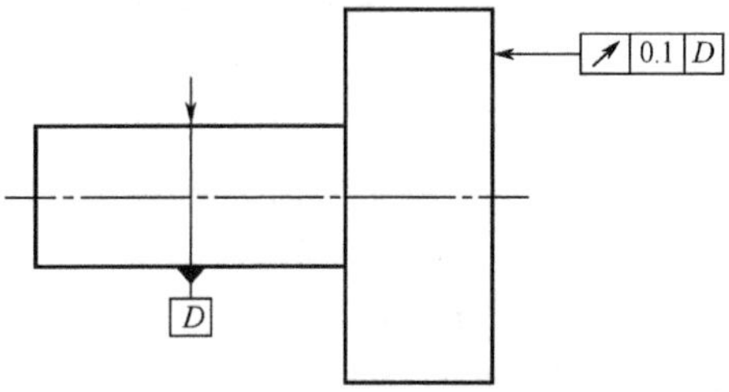
斜向圆跳动公差	公差带为在与基准轴线同轴的任一圆锥截面上，间距等于公差值 t 的两圆之间的区域 除非另有规定，测量方向应沿被测表面的法向 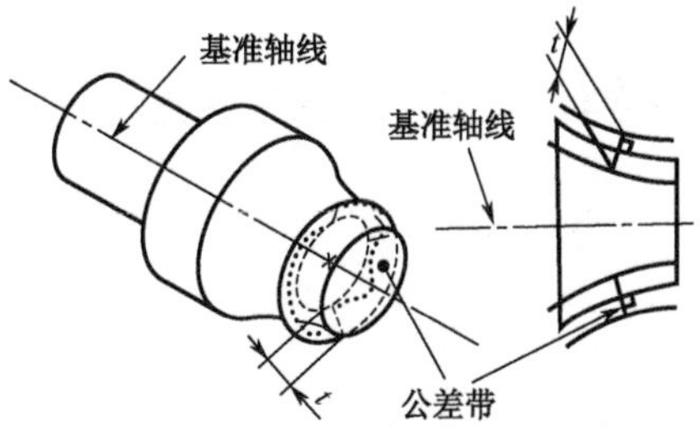 基准轴线 基准轴线 公差带	在与基准轴 C 同轴的任一圆锥截面上，提取（实际）线应限定在素线方向间距等于 0.1mm 的两个不等圆之间 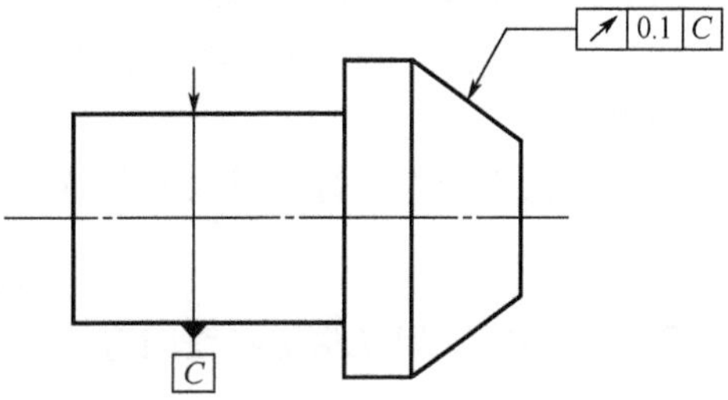 当标注公差的素线不是直线时，圆锥截面锥角要随实际位置改变

分类	公差带含义	标注示例与解释
径向全跳动公差	公差带为半径差等于公差值 t，且与基准轴线同轴的两圆柱面之间的区域 **基准轴线**	提取（实际）表面应限定在半径差等于 0.1mm，且与公共轴线 $A—B$ 同轴的两圆柱面之间 ⌁ 0.1 $A—B$ A B
端面全跳动公差	公差带为间距等于公差值 t，且垂直于基准轴线的两平行平面之间的区域 **基准轴线** **被测表面** ϕd	提取（实际）表面应限定在间距等于 0.1mm，且垂直于基准轴线 D 的两平行平面之间 D ϕd ⌁ 0.1 D

二、偏摆仪

1．偏摆仪的使用方法

（1）拧紧偏心轴把手，将固定顶尖座固定在仪座上。

（2）按被测零件长度将活动顶尖座固定在合适的位置。

（3）压下球头手柄，装入零件，用两顶尖顶住零件中心孔。

（4）拧紧紧定把手，将顶尖固定。

（5）将支架座移到所需位置后固定，通过千分表（百分表）进行检测。

2．偏摆仪使用注意事项

偏摆仪是精密的检测仪器，应精心维护与保养，并指定专人使用，操作者必须熟练掌握仪器的操作技能。安装时，应保持设备平衡，导轨面须光滑、无磕碰伤痕。使用时还要注意以下几点：

（1）检测工件时，应小心轻放，导轨面上不允许放置任何工具或工件。

（2）检测完后，应立即对仪器进行维护与保养，导轨及顶尖套应上油防锈，并保证周围环境整洁。

（3）应指定专人于每月月底对偏摆仪进行精度实测检查，确保设备完好，并做好实测记录。

三、用偏摆仪测量跳动误差的方法

1．径向圆跳动误差的测量

（1）将零件擦净，置于偏摆仪两顶尖之间（带孔零件要装在心轴上），使零件转动自如，但不允许轴向窜动，然后紧固两顶尖座。当需要卸下零件时，应一手扶零件，一手向下按把手。

（2）将千分表装在表架上，使表架通过零件轴心线，并与轴心线大致垂直，测头与零件表面接触，并压缩1～2圈后紧固表架。

（3）转动被测零件一周，记下千分表示值的最大值和最小值，该最大值与最小值之差为该截面的径向圆跳动误差。

（4）在轴向的三个截面上进行测量，取三个截面中径向圆跳动误差的最大值作为该零件的径向圆跳动误差。

2．端面圆跳动误差的测量

（1）将千分表装在偏摆仪的表架上，缓慢移动表架，使千分表的测头与被测端面接触，并预压0.4mm。

（2）转动被测零件一周，记录千分表示值的最大值和最小值，该最大值与最小值之差即为该直径的端面圆跳动误差。

（3）在被测端面上均匀分布的三个直径处测量，其中端面圆跳动误差的最大值即为该零件的端面圆跳动误差。

四、形位公差的选择

1．形位公差项目的选择

形位公差项目的选择可从以下几个方面考虑。

1）零件的几何特征

不同的零件几何特征会产生不同的几何误差，所以可根据零件的几何特征来选择形位公差项目。例如，对于圆柱形零件，可选择圆度、圆柱度、轴心线直线度及素线直线度公差等；对于平面零件，可选择平面度公差；对于窄、长平面，可选择直线度公差；对于槽类零件，可选择对称度公差；对于阶梯轴、孔，可选择同轴度公差等。

2）零件的功能要求

根据零件不同的功能要求可选择不同的形位公差项目。例如，对于圆柱形零件，当仅要求顺利装配时，可选轴心线直线度公差；当孔、轴之间有相对运动时，要求均匀接触或保证密封性，应选择圆柱度公差以综合控制圆度、素线直线度和轴心线直线度（如柱塞与柱塞套、阀芯与阀体等）。又如，为保证机床工作台或刀架运动轨迹的精度，应对导轨提出直线度要求；对于安装齿轮轴的箱体孔，为保证齿轮的正确啮合，应对孔心线的平行度提出要求；为使箱体端盖等零件上各螺栓孔能顺利装配，应规定孔组的位置度公差等。

3）检测的方便性与经济性

确定形位公差特征项目时，要考虑到检测的方便性与经济性。例如，对于轴类零件，可用径向全跳动公差综合控制圆柱度和同轴度；可用端面全跳动公差代替端面对轴线的垂直度公差，因为跳动误差检测方便，又能较好地控制相应的形位误差。

2．形位公差值（公差等级）的选择

精度的高低是用公差等级来表示的。国家标准规定公差等级一般分为1～12级，仅圆度公差和圆柱度公差划分为13级，精度依次降低。对于位置度公差，仅规定了公差值数系，未规定公差等级。

形位公差等级常采用类比法确定。选择时应注意下列情况。

（1）同一要素上形状公差值小于位置公差值。

（2）圆柱形零件的形状公差值（轴线直线度除外）一般应小于尺寸公差值。

（3）平行度公差值应小于其相应的距离公差值。

（4）在某些情况下，可适当降低 1～2 级。

（5）与滚动轴承配合的轴和壳体孔的圆柱度公差、机床导轨的直线度公差等，应按相应标准确定。

3．公差原则和公差要求的选择

独立原则是处理形位公差与尺寸公差的基本原则，主要用于以下场合。

（1）尺寸精度和形位精度要求都较严，并且需要分别满足要求。

（2）尺寸精度与形位精度要求相差较大。

（3）为保证运动精度、密封性等特殊要求，单独提出与尺寸无关的形位公差要求。

（4）零件上未注形位公差，一律遵循独立原则。

4．未注形位公差的规定

（1）对未注直线度、平面度、垂直度、对称度、圆跳动公差规定了 H、K、L 三个等级。

（2）未注圆度公差值等于直径公差值，但不大于 H、K、L 相应的圆跳动的未注公差值。

（3）未注圆柱度公差值不做规定，由要素的圆度公差、素线直线度和相对素线平行度的注出或未注公差控制。

（4）未注平行度公差值等于被测要素和基准要素间的尺寸公差和被测要素的形状公差（直线度或平面度）的未注公差值中的较大值，并取两要素中较长者作为基准。

（5）未注同轴度公差值未做规定。

（6）未注线轮廓度、面轮廓度、倾斜度、位置度的公差值均由各要素的注出或未注线性尺寸公差或角度公差控制。

（7）未注全跳动公差值未做规定。端面全跳动未注公差值等于端面对轴线的垂直度未注公差值。径向全跳动公差值可由径向圆跳动和相对素线平行度公差控制。

任务实施

一、测量步骤

（1）将零件安装在偏摆仪上，用两顶尖固定，如图 6-3 所示。

（2）将千分表安装在偏摆仪的表架上，使千分表测杆和轴线垂直，并使轴线上方测头和零件接触良好，如图 6-4 所示。

（3）旋转零件，测量若干个截面的径向圆跳动误差，将最大示值和最小示值记录到测量报告相关栏内。

（4）调整千分表测杆，使测杆与轴线平行，并使测杆和被测端面接触良好，如图 6-5 所示。

（5）旋转零件，测量若干个截面的端面圆跳动误差，将最大示值和最小示值记录到测量报告相关栏内。

（6）重复上述步骤，测量零件圆柱面的径向全跳动误差，并记录整个测量过程中的最大示值和最小示值。

（7）重复上述步骤，测量零件圆柱面的端面全跳动误差，并记录整个测量过程中的最大示值和最小示值。

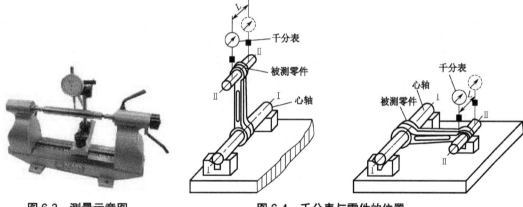

图 6-3　测量示意图　　　　　图 6-4　千分表与零件的位置

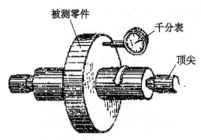

图 6-5　千分表测量示意图

二、测量数据处理及零件跳动误差评定

（1）根据测量数据对零件的跳动误差进行评定。

（2）完成测量报告（表 6-2）。

表 6-2　跳动误差测量报告

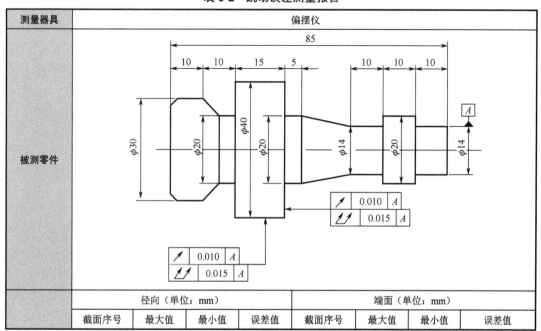

测量器具	偏摆仪						
被测零件							
	径向（单位：mm）				端面（单位：mm）		
	截面序号	最大值	最小值	误差值	截面序号	最大值	最小值	误差值

圆跳动	截面1			截面1			
	截面2			截面2			
	截面3			截面3			
	截面4			截面4			
	截面5			截面5			
	误差			误差			
全跳动							
结论							

三、成果交流

（1）为什么说跳动公差具有综合控制形状误差和位置误差的功能？

（2）可以采用哪些方法测量轴的径向跳动误差？

（3）使用偏摆仪测量轴的跳动误差时，要注意哪些事项？

加油站

跳动误差的常用检测方法

跳动误差常用指示表类仪器（如百分表、千分表等）进行检测，检测时被测零件有以下几种支撑方式。

（1）支撑在两个同轴圆柱导向套筒内并轴向定位（图6-6）。

（2）两端用 V 形块支撑（图6-7）。

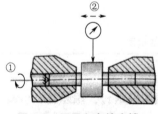

图6-6　用导向套筒支撑

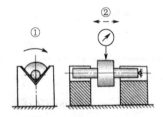

图6-7　两端用 V 形块支撑

（3）用一对同轴顶尖支撑（图6-8）。

（4）用长导向套筒支撑并轴向固定（图6-9）。

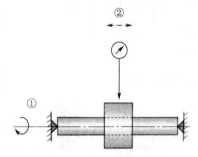

图6-8　用顶尖支撑

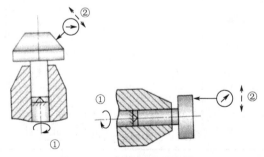

图6-9　用长导向套筒支撑

（5）一端用 V 形块支撑（图 6-10）。

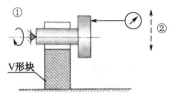

图 6-10　一端用 V 形块支撑

任务实施评价

根据任务实施情况，认真填写附录 3 所示的评价表。

想想练练

1．形位公差带形状是半径差为公差值 t 的两圆柱面之间的区域的有（　　　）。
    A．同轴度　　　　　B．径向全跳动　　　C．任意方向直线度
    D．圆柱度　　　　　E．任意方向垂直度

2．形位公差带形状是直径为公差值 t 的圆柱面内区域的有（　　　）。
    A．径向全跳动　　　B．端面全跳动　　　C．同轴度
    D．任意方向线的位置度　　　　E．任意方向对线的平行度

3．判断：端面全跳动公差和平面对轴线垂直度公差两者控制的效果完全相同。（　　　）

4．判断：端面圆跳动公差和端面对轴线垂直度公差两者控制的效果完全相同。（　　　）

5．圆度公差带与径向圆跳动公差带的形状有何区别？

6．简述圆跳动和全跳动的异同。

7．为什么说跳动公差具有综合控制形状误差和位置误差的功能？哪些误差能对跳动误差构成影响？

项目七

零件表面粗糙度

零件表面粗糙度是加工过程中，刀具与零件表面间的摩擦、切屑分离时表面金属层的塑性变形所引起的。表面粗糙度与零件的配合性质、耐磨性、工作精度、抗腐蚀性有着密切的关系，影响机器零件的使用性能，以及机器工作的可靠性和使用寿命。为提高产品质量，促进互换性生产，我国制定了表面粗糙度国家标准。本项目主要介绍表面粗糙度的评定参数、标注方法及测量方法。

任务一　用表面粗糙度样板检测零件表面质量

任务引入

观察并用手触摸玻璃、抛光的不锈钢盘、粗加工后的金属平板这三种物品的表面，然后分别在这三种物品表面上滴一些机油，观察油液的附着情况，你发现了什么？

因物品表面的光洁度不同，附着的油液量有很大差异，越粗糙的表面附着的油液越多。对金属材质的机械零件，粗糙的表面容易使腐蚀性气体或液体通过表面的微观凹谷渗入金属内层，造成表面腐蚀。粗糙的表面也会影响零件配合性质的稳定性，以及零件表面的抗磨损能力等。

用什么指标来评定零件表面质量呢？让我们一起来了解表面粗糙度的概念和评定参数，学会用表面粗糙度样板检测零件表面质量。

任务目标

◆ **知识目标**

（1）熟悉表面粗糙度的相关概念。

（2）掌握表面粗糙度评定参数的含义。

（3）了解表面粗糙度的标注方法。

◆ **技能目标**

会用表面粗糙度样板检测零件表面质量。

器材准备 ||||

（1）被测零件如图 7-1 所示。
（2）测量器具如图 7-2 所示。

图 7-1　被测零件

图 7-2　表面粗糙度样板

知识链接 ||||

一、表面粗糙度的概念

零件在加工过程中，受刀具的形状和刀具与工件之间的摩擦、机床的振动及零件金属表面的塑性变形等因素影响，表面不可能绝对光滑，零件表面总会存在着由较小间距和峰谷组成的微量高低不平的痕迹。表述这些峰谷的高低程度和间距状况的微观几何形状的特性，称为表面粗糙度。

表面粗糙度是评定零件表面质量的一项重要指标，降低零件表面粗糙度值可以提高其表面耐蚀、耐磨和抗疲劳等能力，但其加工成本也相应提高。因此，零件表面粗糙度值的选择原则是在满足零件表面功能的前提下，表面粗糙度允许值尽可能大一些。

二、表面粗糙度的基本术语和参数

1. 基本术语

为了客观、合理地反映和评定零件表面粗糙度，首先应明确表面粗糙度的相关术语和评定参数。表面粗糙度的基本术语见表 7-1。

表 7-1　表面粗糙度的基本术语

基本术语	说　　明	规　　定
表面轮廓	指定平面与实际表面相交所得的轮廓称为表面轮廓，一般指垂直于零件实际表面的平面与该零件实际表面相交所得的轮廓，如图 7-3 所示。表面轮廓由轮廓峰和轮廓谷组成	轮廓峰高用 Z_p 表示，轮廓谷深用 Z_v 表示
取样长度 l_r	指在测量或评定表面粗糙度时所取的一段与轮廓总的走向一致的长度，用于判定被评定轮廓的不规则特征	至少包含 5 个以上轮廓峰和轮廓谷，如图 7-4（a）所示
评定长度 l_n	评定表面粗糙度所必需的一段长度	默认 $l_n = 5l_r$，如图 7-4（b）所示。若 $l_n < 5l_r$，则应在相应参数代号后标注其个数

续表

基本术语	说　　明		规　　定
轮廓中线	轮廓的最小二乘中线	指评定表面粗糙度数值的理想基准线	在取样长度内，使轮廓线上各点的纵坐标值 $Z(x)$ 的平方和最小，如图7-4（c）所示
	轮廓的算术平均中线	指评定表面粗糙度数值的实际基准线	在取样长度内，将实际轮廓划分为上下两部分，且使上下面积相等的直线

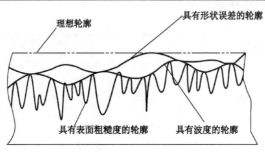

图 7-3　表面轮廓

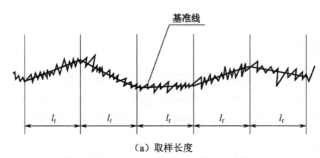

（a）取样长度

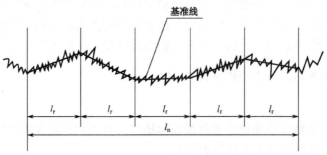

（b）评定长度

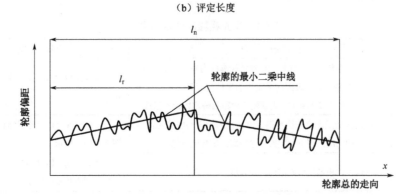

（c）轮廓中线

图 7-4　取样长度、评定长度和轮廓中线

2. 评定参数

国家标准 GB/T 3505—2009 规定，评定表面粗糙度的参数有主参数（高度参数）和附加参数（间距参数和形状参数）。通常只标注高度参数即可，当高度参数不能完全控制表面功能时，可加注相应的附加参数。表面粗糙度的评定参数具体见表 7-2。

表 7-2　表面粗糙度的评定参数

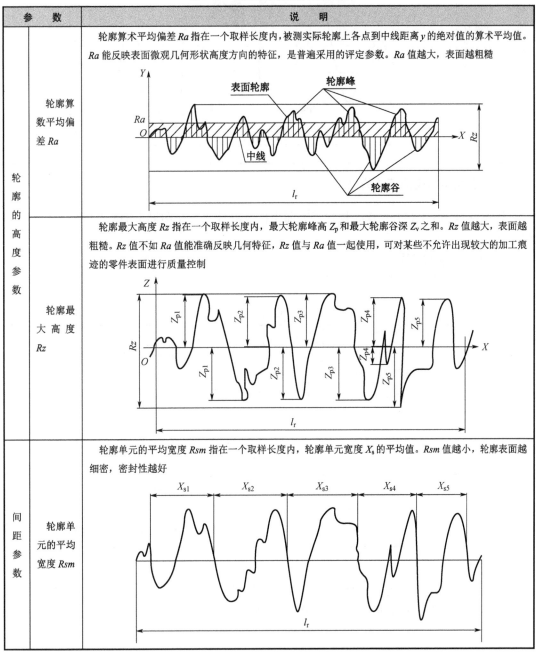

参　数		说　明
轮廓的高度参数	轮廓算数平均偏差 Ra	轮廓算术平均偏差 Ra 指在一个取样长度内，被测实际轮廓上各点到中线距离 y 的绝对值的算术平均值。Ra 能反映表面微观几何形状高度方向的特征，是普遍采用的评定参数。Ra 值越大，表面越粗糙
	轮廓最大高度 Rz	轮廓最大高度 Rz 指在一个取样长度内，最大轮廓峰高 Z_p 和最大轮廓谷深 Z_v 之和。Rz 值越大，表面越粗糙。Rz 值不如 Ra 值能准确反映几何特征，Rz 值与 Ra 值一起使用，可对某些不允许出现较大的加工痕迹的零件表面进行质量控制
间距参数	轮廓单元的平均宽度 Rsm	轮廓单元的平均宽度 Rsm 指在一个取样长度内，轮廓单元宽度 X_s 的平均值。Rsm 值越小，轮廓表面越细密，密封性越好

续表

参　数		说　明
曲线和相关参数	轮廓的支承长度率 $Rmr(c)$	轮廓的支承长度率 $Rmr(c)$ 是指在给定水平位置上轮廓实体材料长度 $Ml(c)$ 与评定长度 l_n 的比。$Rmr(c)$ 对应于不同的轮廓水平截距 c。给出 $Rmr(c)$ 时，必须同时给出水平截距 c 值。当 c 一定时，$Rmr(c)$ 值越大，则支承能力和耐磨性越好 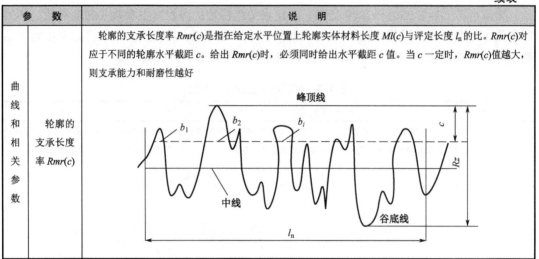

三、表面粗糙度的标注方法

国家标准 GB/T 131—2006 规定了表面粗糙度符号及其在图样上的标注方法，以下做简要介绍。

1. 表面粗糙度符号

表面粗糙度符号及意义见表 7-3。

表 7-3　表面粗糙度符号及意义

符　号	说　明
∨	基本符号，表示指定表面可用任何方法获得。当不加注表面粗糙度参数值或有关说明时，仅适用于简化代号标注
∨	基本符号上加一短横，表示指定表面是用去除材料的方法获得的，如车、铣、钻、磨、剪切、抛光等
∨	基本符号上加一个圆圈，表示指定表面是用不去除材料的方法获得的，如铸、锻、冲压变形、热轧、冷轧、粉末冶金等，或者用于保持原供应状况的表面
∨ ∨ ∨	完整符号，在上述图形符号的长边上加一横线，用于标注有关参数和说明
∨ ∨ ∨	完整符号上加一圆圈，表示图样某视图上构成封闭轮廓的各表面有相同的表面结构要求

2. 代号及图形标注

在表面粗糙度符号上注出所要求的表面特征参数后即构成表面粗糙度代号，图样上标注的表面粗糙度代号表示表面完工后的要求，如图 7-5 所示。

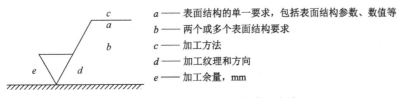

a —— 表面结构的单一要求，包括表面结构参数、数值等
b —— 两个或多个表面结构要求
c —— 加工方法
d —— 加工纹理和方向
e —— 加工余量，mm

图 7-5　表面粗糙度代号的表示方法

一般情况下，只注出表面粗糙度评定参数代号及其允许值，若对零件表面有特殊要求，则应注出表面特征的其他规定，如取样长度、加工纹理、加工方法等。表面粗糙度代号的标注示例及意义见表 7-4。

表 7-4　表面粗糙度代号的标注示例及意义

代　号	意　义
$\sqrt{}$ Ra1.6	用去除材料的方法获得的表面，Ra 上限值为 1.6μm（默认评定长度为 5 个取样长度，16%规则）
$\sqrt{}$ U Ra3.2 L Ra1.6	用去除材料的方法获得的表面，Ra 上限值为 3.2μm，下限值为 1.6μm（默认评定长度为 5 个取样长度，16%规则）
$\sqrt{}$ Rz3.2	用去除材料的方法获得的表面，Rz 上限值为 3.2μm（默认评定长度为 5 个取样长度，16%规则）
$\sqrt{}$ Ramax1.6	用去除材料的方法获得的表面，Ra 最大值为 1.6μm（默认评定长度为 5 个取样长度，最大规则）
$\sqrt{}$ -0.8/Ra1.6	用去除材料的方法获得的表面，Ra 上限值为 1.6μm（取样长度为 0.8μm，默认评定长度为 5 个取样长度）
$\sqrt{}$ Ra1.6 Rz6.3	用去除材料的方法获得的表面，Ra 上限值为 1.6μm，Rz 上限值为 6.3μm（默认评定长度为 5 个取样长度，16%规则）
$\sqrt{}$ U Ramax3.2 L Ra0.8	用去除材料的方法获得的表面，Ra 最大值为 3.2μm（默认评定长度为 5 个取样长度，最大规则），Ra 下限值为 0.8μm（默认评定长度为 5 个取样长度，16%规则）
车 $\sqrt{}$ Rz3.2	采用车削的方法获得的表面，Rz 上限值为 3.2μm（默认评定长度为 5 个取样长度，16%规则）
铣 $\sqrt{}$ Ra0.8 ⊥ Rz13.2	采用铣削的方法获得的表面，Ra 上限值为 0.8μm（默认评定长度为 5 个取样长度，16%规则），Rz 上限值为 3.2μm（默认评定长度为 1 个取样长度，16%规则），纹理垂直于视图所在投影面
车 $\sqrt{}$ 3 Rz3.2	采用车削的方法获得的表面，Rz 上限值为 3.2μm，加工余量为 3mm（默认评定长度为 5 个取样长度，16%规则）

3．表面粗糙度在图样上的标注

（1）在图样上标注表面粗糙度时，其代号、数字的大小和方向必须与图中尺寸数字的大小和方向一致。

（2）在同一图样上，每一表面只注一次代号，并标注在可见轮廓线、尺寸线、尺寸界线或它们的延长线上，如图 7-6 和图 7-7 所示。

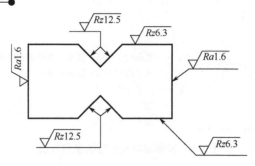

图 7-6　表面粗糙度在轮廓线上的标注

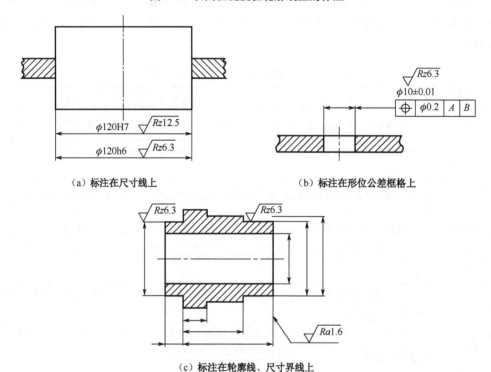

（a）标注在尺寸线上　　　　　　　　（b）标注在形位公差框格上

（c）标注在轮廓线、尺寸界线上

图 7-7　表面粗糙度标注位置

（3）表面粗糙度的简化标注见表 7-5。

表 7-5　表面粗糙度的简化标注

分　类	标注示例	含　义
有相同表面粗糙度要求的简化注法	$Rz6.3$　$Rz1.6$　$\sqrt{Rz3.2}(\sqrt{Rz1.6}\sqrt{Rz6.3})$	零件多数表面（含全部）有相同的粗糙度要求，可统一标注在标题栏附近，并在圆括号内给出不同的结构要求。不同的表面结构要求应直接标注在图形中

分　类	标注示例	含　义
多个表面有共同要求的注法	$\sqrt{} = \sqrt{Ra3.2}$	只用符号以等式形式对有相同表面粗糙度要求的多个表面进行标注
	$\sqrt{z} = \sqrt{\begin{array}{l}U\,Rz0.8\\L\,Ra0.2\end{array}}$　　$\sqrt{y} = \sqrt{Ra3.2}$	用带字母的完整符号,以等式的形式在图样或标题栏附近对有相同表面粗糙度要求的表面进行标注

四、表面粗糙度的选用

表面粗糙度参数值的选择首先应满足零件表面功能的要求,其次要考虑加工的可能性和经济性,一般遵循以下原则。

(1)在满足表面功能要求的情况下,尽量选用较大的表面粗糙度值,以降低成本。

(2)同一零件上工作表面的粗糙度值应小于非工作表面的粗糙度值。

(3)摩擦表面的粗糙度值应比非摩擦表面的粗糙度值小,运动速度高、压力大的摩擦表面的粗糙度值应比运动速度低、压力小的摩擦表面的粗糙度值小。

(4)承受循环载荷的表面极易引起应力集中的结构(如圆角、沟槽等),其粗糙度值要小。

(5)配合精度要求高的配合表面、配合间隙小的配合表面及要求连接可靠且承受重载的过盈配合表面,均应采用较小的粗糙度值。

(6)防腐性和密封性要求越高,表面粗糙度值应越小。

五、表面粗糙度的检测

检测零件表面粗糙度的常用方法有目测检测法、比较检测法和测量仪器检测法。

比较检测法是指将被测表面与表面粗糙度样板相比较,以判断工件表面粗糙度是否合格的检验方法。该方法具有测量方便、成本低、对环境要求不高等优点,适合在车间使用。由于其评定的可靠性在很大程度上取决于检验人员的经验,因而主要用于在生产现场检验中等或比较粗糙的表面。

如图 7-2 所示为表面粗糙度样板,它是采用特定的合金材料加工而成的,具有不同的表面粗糙度参数值,可将被测零件表面与之做比较,从而确定被测表面的粗糙度。

任务实施

一、根据被测零件选择样板

样板的表面粗糙度特征要与被测零件的表面粗糙度特征相同,样板的材质要与被测零件的材质相同,样板表面的加工方法要与被测表面的加工方法相同。

二、将被测零件与样板进行比较,确定零件是否合格

1. 视觉比较

将被测表面与粗糙度样板的工作面放在一起,通过肉眼观察,反复比较被测表面与样

板工作面加工痕迹的异同、反射光线的强弱和色彩的差异，以判定被测表面粗糙度值的大小。必要时可借助放大镜观察。

2．触觉比较

用手指分别触摸被测表面和样板，根据手感觉判断被测表面与样板在峰谷尺寸和间距上的差别，从而判断被测表面粗糙度值的大小。表面粗糙度样板的材料、加工方法和加工纹理方向与被测零件相同，有利于提高判断的准确性。另外，也可以从生产的零件中选择样品，经精密仪器检定后，作为标准样板使用。

三、填写测量报告

检测报告见表7-6。

表7-6　表面粗糙度检测报告

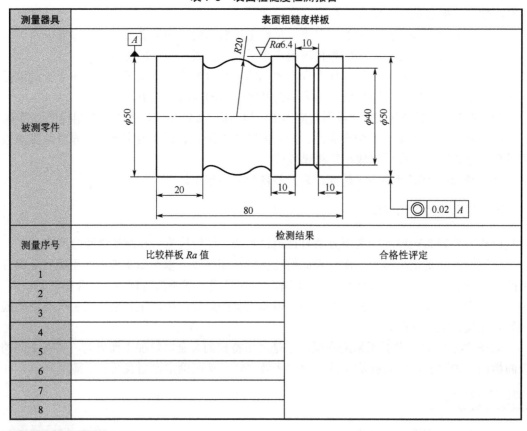

测量器具	表面粗糙度样板		
被测零件			
测量序号	检测结果		
	比较样板 Ra 值	合格性评定	
1			
2			
3			
4			
5			
6			
7			
8			

任务实施评价 ||||

根据任务实施情况，认真填写附录3所示的评价表。

想想练练 ||||

1．表面粗糙度指＿＿＿＿＿＿＿＿。表面粗糙度与零件的＿＿＿＿＿＿＿＿＿＿、＿＿＿＿＿＿＿＿＿＿、＿＿＿＿＿＿＿＿＿、＿＿＿＿＿＿＿＿＿有密切关系。

2. 评定长度指_____，它可以包含_____个。

3. 规定表面粗糙度的目的在于_____。

4. 国家标准中规定表面粗糙度的主要评定参数有_____。

5. 识读图 7-8 所示零件图中的表面粗糙度代号。

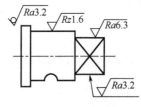

图 7-8　零件图

任务二　用粗糙度轮廓仪检测零件表面质量

任务引入

用比较检测法对零件表面粗糙度做出评判，是车间现场常用的方法，适于评定中等或较粗糙的表面。若零件表面质量要求高，则应采用适当的仪器进行检验。粗糙度轮廓仪是一种高精度的工作表面粗糙度、轮廓测量与分析仪器，使用方便，可直接显示零件表面粗糙度参数值。让我们一起来学习用粗糙度轮廓仪检测零件表面质量。

任务目标

◆ **知识目标**

（1）复习粗糙度轮廓仪的结构和功能。

（2）熟悉粗糙度轮廓仪的使用方法。

◆ **技能目标**

会用粗糙度轮廓仪检测零件表面质量。

器材准备

（1）被测零件：轴（图 7-1）。

（2）测量器具：粗糙度轮廓仪。

任务实施

如果不能用比较检测法对零件表面粗糙度做出判断，则应采用适当的仪器进行检测。根据仪器原理的不同，检测方法可分为光切法、干涉法、感触法等。本任务选用感触法来检测零件表面粗糙度。粗糙度轮廓仪使用方便，可直接显示 Ra 值，适宜测量的 Ra 值范围

为 0.01～10μm（不同型号的粗糙度轮廓仪测量范围有所不同）。

一、测量前

（1）将被测零件表面擦净，固定在粗糙度轮廓仪工作台上。

（2）开启计算机，双击"粗糙度测量"图标进入测量主界面，单击"参数设定"图标，进行参数设定，如图 7-9 所示。

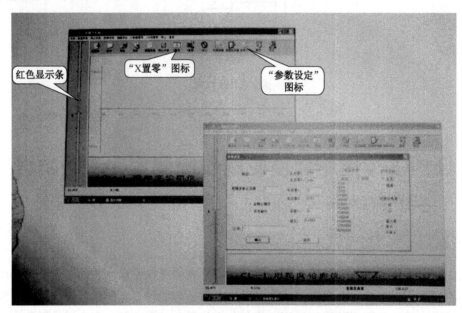

图 7-9　测量主界面及"参数设定"对话框

- 选择触针类型。通常金刚石触针用于粗糙度测量，斧形触针用于轮廓测量。
- 设定评定粗糙度的波长。
- 设定放大倍率。

（3）检查触针的快、慢速移动与自动保护功能。

按键盘上的"↑""↓""←""→"键，驱动箱会带动触针上、下、左、右慢速移动。同时按键盘上的"Ctrl"键和"↑""↓""←""→"中任一键，驱动箱会带动触针上、下、左、右快速移动。在触针向下慢速和快速移动时，若触针接触被测零件并超过测量上限，计算机会发出"嘟"的响声，同时仪器会自动停止向下移动，保护触针免受损坏。

> **小提示**
>
> 触针向下移动时才有自动保护功能，向上、向左、向右没有此功能，操作时要注意保护触针。

（4）水平方向（X 方向）数字显示位置复零。

单击测量主界面上的"X 置零"图标（图 7-9），触针自动向左移动，到左端会自动停止，此时 X 方向自动复零完成。

二、测量中

（1）将触针快速移动到被测零件位置附近，单击测量主界面上的"Y 置零"图标，使 Y 方向自动找正中心，测量主界面中的红色显示条居中。

（2）单击"数据采集"图标，弹出相应对话框，如图 7-10 所示，设定测量长度，单击"确认"按钮后，轮廓仪开始采样。

（3）采样结束后弹出"保存"对话框，保存后得到采样图形，单击"形状"图标进入数据评定界面，如图 7-11 所示。

图 7-10 设定测量长度

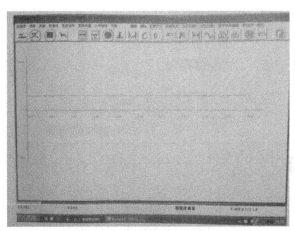

图 7-11 数据评定界面

（4）单击数据评定界面中的粗糙度测量图标，用鼠标拉框选择数据评定区域，然后单击平面粗糙度图标或圆弧粗糙度图标。由于本任务测量的是被测零件的端面，故单击平面粗糙度图标。

（5）单击平面粗糙度图标后弹出"计算参数"对话框，如图 7-12 所示。取样长度按规定选取，方式选择"自动"。

（6）单击"计算参数"对话框中的"确认"按钮，软件自动进行参数计算，显示粗糙度测试图形和各参数，如图 7-13 所示。

图 7-12 "计算参数"对话框

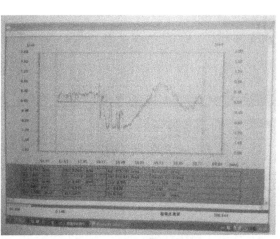

图 7-13 粗糙度测试图形

三、测量后

（1）将传感器上的触针退回到靠近导轨的起始一端。

（2）做好工作台的清洁工作，台面涂油以防锈蚀。

四、操作注意事项

（1）粗糙度轮廓仪接地线必须具有良好的接地功能，确保轮廓仪不受外界信号干扰。

（2）粗糙度轮廓仪与被测零件宜在 20℃±3℃ 环境下放置半小时左右再工作。

（3）定期用粗糙度样板和大、小标准球校准粗糙度轮廓仪。粗糙度样板和大、小标准球务必存放在专用盒内。

五、完成测量报告

完成表 7-7 所示的测量报告。

表 7-7　表面粗糙度测量报告

测量器具	粗糙度轮廓仪
被测零件	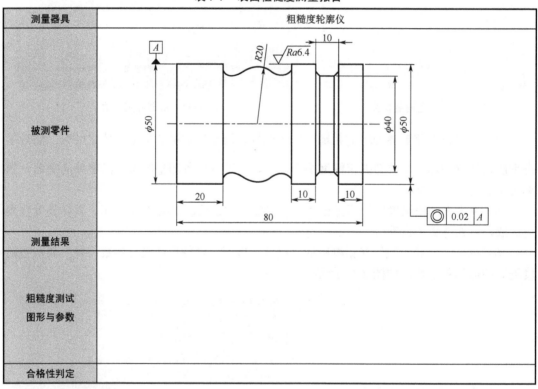
测量结果	
粗糙度测试图形与参数	
合格性判定	

任务实施评价

根据任务执行情况，认真填写附录 3 所示的评价表。

想想练练

1．轮廓中线是评定＿＿＿＿＿＿的基准线，它常用＿＿＿＿＿中线来表示。

2．轮廓算术平均偏差 Ra 指＿＿＿＿＿＿＿＿，表面越粗糙，Ra 值越＿＿＿＿＿。

3．轮廓最大高度 Rz 指_____，_____参数能反映加工痕迹的细密程度。

4．要求耐腐蚀的零件表面，评定粗糙度的参数值应_____些。（填"大"或"小"）

5．配合表面的粗糙度参数值应比非配合表面的_____。（填"大"或"小"）

6．规定取样长度的目的是_____，规定评定长度的目的是

_____。

项目八

典型复杂零件的测量

螺纹连接与齿轮传动被广泛应用于机器、仪表中。对于普通螺纹和齿轮，国家颁布了一系列标准，如 GB/T 197—2003《普通螺纹公差》。螺纹与齿轮的质量直接影响机器的性能。本项目主要介绍螺纹与齿轮的主要参数、测量项目与测量方法。

任务一 普通螺纹的测量

任务引入

在日常生活中，处处会用到螺纹及其连接，小到利用螺纹旋紧的杯盖，大到自行车、手机、机床、汽车、火车、飞机等设备的制造。一般而言，螺纹件数量占机器零件数量的60%以上。随着现代工业的发展，在高速、重载、动载下工作的精密机械越来越多，对螺纹件的性能也提出了越来越多的要求。生产中，如何对螺纹进行检测和测量呢？

让我们一起来了解螺纹的测量要求和测量方法，学会对螺纹进行综合检验。

任务目标

◆ **知识目标**

（1）熟悉螺纹的测量技术要求和相关内容。

（2）熟悉螺纹量规、螺纹千分尺的结构及工作原理，了解其使用范围和使用方法。

（3）理解螺纹主要参数的定义。

◆ **技能目标**

（1）能正确使用螺纹量规进行螺纹综合测量。

（2）能正确使用螺纹千分尺测量外螺纹中径。

（3）能处理测量数据及评定零件的合格性。

器材准备

（1）被测零件：螺纹轴（图8-1）。

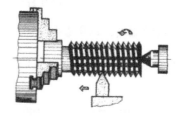

图 8-1　螺纹轴

（2）测量器具：螺纹量规、螺纹千分尺和螺纹样板（图8-2）。

（a）螺纹量规　　　　　　　（b）螺纹千分尺　　　　　　（c）螺纹样板

图 8-2　普通螺纹量具

知识链接

一、普通螺纹的标记

螺纹牙型代号 公称直径 × 螺距（导程/线数） 旋向—中径公差带代号/顶径公差带代号—旋合长度

说明：

（1）普通螺纹的牙型代号是 M。

（2）标注螺距时为细牙螺纹，不标注时为粗牙螺纹（粗牙螺纹的螺距可由附表 7 中查出，细牙螺纹有多个螺距）。

（3）导程和线数一般只标一个，另一个可通过计算得到。

（4）左旋标"左"或"LH"，右旋一般省略。

（5）中径公差带代号和顶径公差带代号相同时只写一个，由表示大小的公差等级数字和表示位置的字母组成。外螺纹的公差等级用小写字母表示，有 e、g、f、h；内螺纹的公差等级用大写字母表示，有 G、H。

（6）旋合长度是两个相互配合的螺纹，沿螺纹轴线方向相互旋合部分的长度。分为短、中、长三组，其代号为 S、N、L，中等可以省略，也可以直接标具体数值。

二、普通螺纹的标记示例及含义

M20×2LH—7g6g—L：普通螺纹，公称直径为 20mm，细牙螺距为 2mm，左旋；外螺纹，中径公差带代号为 7g，顶径（大径 d）公差带代号为 6g；长旋合长度。

M10—7H：普通螺纹，公称直径为 10mm，粗牙，查表可得螺距为 1.5mm，右旋；内螺纹，中径和顶径（小径 D_1）公差带代号均为 7H；中等旋合长度。

在图样上标注内、外螺纹的配合时，"/"左边表示内螺纹的公差带代号，右边表示外螺纹的公差带代号，如 M20×2LH—6H/5g6g。

三、普通螺纹的常用参数

普通螺纹的常用参数见表 8-1。

表 8-1　普通螺纹的常用参数

名称及代号	计算公式或数值
牙型角	60°
原始三角形高度	$H = 0.866P$
牙型高度	$h = 0.5413P$
大径（内螺纹 D、外螺纹 d）	$D = d =$ 公称直径
中径（内螺纹 D_2、外螺纹 d_2）	$D_2 = D - 0.6495P$，$d_2 = d - 0.6495P$
小径（内螺纹 D_1、外螺纹 d_1）	$D_1 = D - 1.0825P$，$d_1 = d - 1.0825P$

任务实施

一、用螺纹量规检测普通螺纹

如图 8-3 所示为普通车床上加工的某阶梯轴，试用螺纹量规检测阶梯轴右端的螺纹部分是否合格。

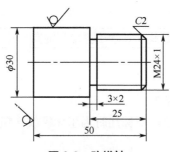

图 8-3　阶梯轴

1．任务分析

零件尺寸 M24×1 的含义：公称直径（螺纹大径）为 24mm、螺距为 1mm 的普通右旋细牙螺纹，中等旋合长度。

在普通车床上成批加工轴类零件外表面的螺纹时，通常选用螺纹环规进行检测。对于本任务中的螺纹，可以选用 M24×1 的螺纹环规进行检测。

螺纹环规（图 8-4）主要用于检测外螺纹，一般有两块，标有"GO"或"T"标记的为通规，标有"NO GO"或"Z"标记的为止规。

螺纹塞规（图 8-5）主要用于检测内螺纹，通常螺牙较多的一端为通规，螺牙较少的一端则为止规。

图 8-4　螺纹环规

图 8-5　螺纹塞规

螺纹量规上都标有尺寸规格，以区别不同的测量范围。

图 8-4 所示环规上的标记是 M20×2.5—6g，表示该环规用于测量大径为 20mm、螺距为 2.5mm、中径和顶径公差代号为 6g 的普通细牙外螺纹。

图 8-5 所示塞规上的标记是 M35×1.5—6H，表示该塞规用于测量大径为 35mm、螺距为 1.5mm、中径和顶径公差代号为 6H 的普通粗牙螺纹。

2．实施步骤

1）测量步骤

（1）对量具和被测零件进行清洁，保证量具及被测零件的表面上无铁屑等附着物。

（2）根据被测螺纹的公称直径，选择 M24×1 的螺纹环规。

（3）测量时，如果螺纹环规的通规能够顺利地旋入工件，而止规不能旋入或者不能完全旋合，则说明该螺纹符合精度要求，反之则不合格。

2）检测结果判定

利用螺纹环规测量时，通规必须能够顺利地旋入，止规的旋入量不允许超过两个螺距，对于三个或少于三个螺距的工件，不应完全旋入。只有通规和止规的旋入量都符合上述要求，才说明该螺纹合格；如有一个条件不满足，则说明该螺纹不合格。

📝 练一练

根据图 8-6 所示螺纹环规的内螺纹尺寸要求，正确选择螺纹量规，检测该螺纹是否合格。

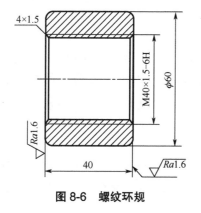

图 8-6　螺纹环规

二、用三针法测量普通螺纹

用三针法测量图 8-7 所示阶梯轴的螺纹部分并判断其是否合格。

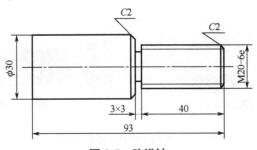

图 8-7　阶梯轴

1．任务分析

该阶梯轴右端为普通螺纹，其标注代号 M20—6e 表示公称直径为 20mm、螺距为 2.5mm、中径公差带代号和顶径公差带代号为 6e 的粗牙普通右旋外螺纹。

对螺纹中径、顶径有公差要求的螺纹，重点是测量螺纹中径，通常采用三针法获得精确的测量结果。

三针法（也称三线法）是比较精密的外螺纹中径间接测量方法。使用时应根据被测螺纹的精度选择相应的量针精度。

测量时先将三根直径相同的量针分别放入相应的螺纹沟槽内，再用接触式量仪或测微量具（如千分尺等）测出三根量针之间的尺寸 M，根据已知的螺距 P 及量针直径 d_D 的数值，计算出中径 d_2。

$$M = d_2 + 3d_D - 0.866P$$

量针直径可取 $0.505P \sim 1.01P$，最佳 $d_D = 0.577P$。

本任务测量的螺纹为 M20 粗牙普通外螺纹，查附表 7 可知其螺距为 2.5mm，螺纹的中径尺寸为 18.376mm。

根据螺纹的中径、顶径公差带代号 6e，查附表 8 可知该螺纹的上极限偏差为 es = −0.080mm。

然后，根据公差等级、公称直径和螺距，由附表 9 查得此外螺纹的中径公差 $T_{d2} = 0.224$mm。

计算该螺纹的下极限偏差：

$$ei = es - T_{d2} = -0.080 - 0.224 = -0.304\text{mm}$$

故中径尺寸应为 $\phi 18.376^{-0.080}_{-0.304}$ mm，即中径上极限尺寸为 $\phi 18.296$mm，下极限尺寸为 $\phi 18.072$mm，实际测量获得的尺寸在此范围内即为合格，否则为不合格。

2．实施步骤

1）测量步骤

（1）根据被测螺纹的公称直径 20mm，选用量程为 0～25mm 的杠杆式千分尺。

（2）根据被测螺纹的螺距 2.5mm，查阅附表 11，选用最佳量针，确定量针的直径 $d_D = 1.441$mm。

（3）将量针和被测螺纹清理干净，校正千分尺零位。

（4）将三根量针放入螺纹牙槽中，旋转千分尺上的微分筒，使两端测头与三针接触，并转动千分尺上的测力装置，直到发出"嘎嘎"声时，读出尺寸 M，如图 8-8 所示。

（5）任取在螺纹同一截面内相互垂直的两个方向上的点，测得尺寸 M，并分别在 5 个

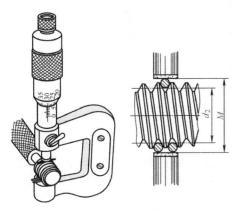

图 8-8　用三针法测量普通螺纹示意图

不同地方取 5 个测量位置，记录数值，取其平均值，判断螺纹是否合格。

（6）测量结束，将量具擦拭干净并放入盒内保存。

2）数据处理

将实际测得的5个数据的平均值 M 代入公式 $M = d_2 + 3d_D - 0.866P$，求出被测螺纹的中径 d_2 值，判断 d_2 值是否在螺纹中径的极限尺寸范围内，如果超出此范围，则说明该螺纹不合格。

3）检测报告

按步骤完成测量并将被测件的相关信息及测量结果填入检测报告（表 8-2）。

表 8-2　阶梯轴螺纹检测报告

螺纹参数						
测量尺寸	公称直径	螺纹中径上极限尺寸	螺纹中径下极限尺寸	牙型角	螺距	旋合长度
M20—6e	20mm	18.296mm	18.072mm	60°	2.5mm	中等
测量结果（mm）						
零件名称	阶梯轴		测量日期		结论		测量者	
序号	项目	尺寸要求	使用的量具	测量次数	测量数值	测量平均值（M）	螺纹中径值
1	外螺纹	M20—6e		1			
				2			
				3			
				4			
				5			

练一练

试根据上述测量方法，正确选用量针、千分尺，测量图 8-9 所示阶梯轴的右端螺纹，并判断螺纹中径尺寸是否符合要求。

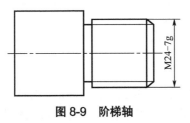

图 8-9　阶梯轴

三、用螺纹千分尺测量普通螺纹

用螺纹千分尺测量图 8-10 所示阶梯轴右端的普通螺纹并判断其是否合格。

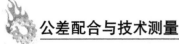
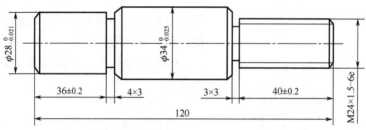

图 8-10　阶梯轴

三针法是对螺纹进行精密测量的理想方法之一，但是由于测量时三根量针必须嵌入螺纹牙槽内，在加工过程中对螺纹进行在线测量很不方便。因此，工程实践中对一些精度不高的螺纹，常用螺纹千分尺进行测量。

螺纹千分尺的构造与外径千分尺基本相同，只是它的测头与外径千分尺不同，它有两个特殊的、角度与螺纹牙型相同的可换测头，通过调换不同的测头，可以测量不同公称直径的螺纹（图 8-11）。螺纹千分尺的测量范围见表 8-3。

（a）普通螺纹千分尺　　　　　　（b）数显螺纹千分尺　　　　　　（c）测头

图 8-11　螺纹千分尺及其测头

表 8-3　螺纹千分尺的测量范围

测量范围 （mm）	测头数量 （副）	测头测量螺距的范围 （mm）	测量范围 （mm）	测头数量 （副）	测头测量螺距的范围 （mm）
0～25	5	0.4～0.5 0.6～0.8 1～1.25 1.5～2 2.5～3.5	50～75 75～100	4	1～1.25 1.5～2 2.5～3.5 4～6
25～50	5	0.6～0.8 1～1.25 1.5～2 2.5～3.5 4～6	100～125 125～150	3	1.5～2 2.5～3.5 4～6

1. 任务分析

图 8-10 中轴类零件的右端为普通螺纹，其标注代号 M24×1.5—6e 表示公称直径为 24mm、螺距为 1.5mm、中径公差带代号和顶径公差带代号为 6e 的细牙普通右旋外螺纹。

查附表 7 可知该螺纹中径尺寸为 23.026mm。

查附表 8 可知该螺纹的上极限偏差 es ＝ −0.067mm。

然后，根据公差等级、公称直径和螺距，由附表 9 查得此外螺纹的中径公差 $T_{d2} = 0.150$mm。

计算该螺纹的下极限偏差：

$$ei = es - T_{d2}$$
$$= -0.067 - 0.150$$
$$= -0.217mm$$

故中径尺寸应为 $23.026_{-0.217}^{-0.067}$ mm，即中径上极限尺寸为 22.959mm，下极限尺寸为 22.809mm，实际测量获得的尺寸在此范围内即为合格，否则为不合格。

2．实施步骤

1）测量步骤

（1）根据被测螺纹的公称直径选择量程为 0～25mm 的螺纹千分尺，再根据螺纹的螺距选取一对测头。

（2）将被测螺纹及量具清理干净，并校正螺纹千分尺零位。

（3）将被测螺纹放入两测头间，找正中径部位，并使两者垂直，如图 8-12 所示。

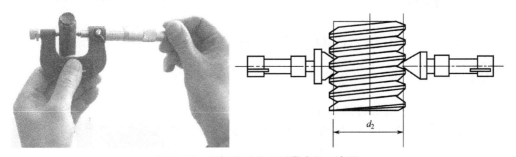

图 8-12　用螺纹千分尺测量中径示意图

（4）转动测力装置，直至听到"嘎嘎"声时便可开始读数。

（5）分别在同一截面相互垂直的两个方向上进行测量，并取 5 个测量点记录数值，将测得的数据填入检测报告。

（6）测量结束后将量具清理干净并收好。

2）检测报告

按步骤完成测量并将被测件的相关信息及测量结果填入检测报告（表 8-4）。

表 8-4　阶梯轴螺纹检测报告

螺纹参数						
测量尺寸	公称直径	螺纹中径上极限尺寸	螺纹中径下极限尺寸	牙型角	螺距	旋合长度
M24×1.5—6e	24mm	22.959mm	22.809mm	60°	1.5mm	中等

测量结果（mm）						
零件名称		阶梯轴	测量日期		结论		测量者	
序号	项目	尺寸要求	使用的量具	测量次数	测量数值	螺纹中径值
1	外螺纹	M24 × 1.5—6e		1		
				2		
				3		
				4		
				5		

练一练

试正确选用螺纹千分尺与测头,测量图 8-13 所示双头螺杆两端的螺纹,并判断螺纹中径尺寸是否符合要求。

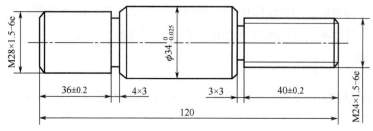

图 8-13 双头螺杆

任务实施评价

根据本任务的学习情况,认真填写附录 3 所示的评价表。

想想练练

1. M36×2.5—5g6g 的含义是什么?
2. 用螺纹量规判断螺纹的合格性时,能否得到确定的测量数值?为什么?
3. 什么是三针法?如何选择量针?
4. 试查表确定 M16×2—7H 内螺纹的中径尺寸范围。
5. 简述用螺纹千分尺测量螺纹中径的操作步骤。
6. 查表计算 M42×7—6H 的螺纹中径。
7. 普通螺纹的基本偏差是＿＿＿＿＿＿＿＿＿＿＿。
8. 国家标准对内、外螺纹规定了＿＿＿＿＿直径公差。
9. 相互结合内、外螺纹的旋合条件是＿＿＿＿＿。
10. 螺纹量规按用途分＿＿＿＿、＿＿＿＿、＿＿＿＿三类。
11. 螺纹工作量规分＿＿＿＿、＿＿＿＿两类。
12. 螺纹塞规可用来检测＿＿＿＿螺纹,作用是＿＿＿＿。
13. 螺纹环规可用来检测＿＿＿＿螺纹,作用是＿＿＿＿。
14. 螺纹千分尺可用来检测＿＿＿＿螺纹的＿＿＿＿。
15. 测量螺纹中径可采用＿＿＿＿、＿＿＿＿等测量方法。

任务二　梯形螺纹的测量

任务引入

梯形螺纹因其对中性好、螺牙强度高而被广泛应用于各类传动机构中,如机床精密虎钳的螺杆等。如图 8-14 所示是数控机床上使用的精密虎钳，虎钳上使用的梯形螺杆就是其主要工作部件。梯形螺杆通常用车床加工，由于梯形螺杆加工精度要求比较高，因而生产中必须加强过程检测。梯形螺纹在线检测如图 8-15 所示。

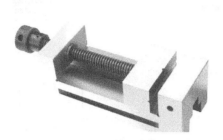

图 8-14 精密虎钳

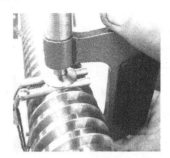

图 8-15 梯形螺纹在线检测

任务目标

◆ **知识目标**

（1）熟悉梯形螺纹的测量技术要求和标记。

（2）熟悉公法线千分尺的使用方法。

（3）理解梯形螺纹主要参数的定义。

◆ **技能目标**

（1）能正确使用公法线千分尺测量外螺纹中径。

（2）能进行测量数据处理及评定零件的合格性。

（3）掌握梯形螺纹测量器具的保养方法。

器材准备

（1）被测工件如图 8-16 所示。

（2）测量器具：公法线千分尺（图 8-17）和标准量针（图 8-18）。

图 8-16 被测工件

图 8-17 公法线千分尺

图 8-18 标准量针

知识链接

一、梯形螺纹的标记

| 螺纹牙型代号 | 公称直径 × 导程（或螺距） | 旋向 — 中径公差带代号 — 旋合长度 |

例如，Tr20×14（P7）LH—8e—L 表示公称直径为 20mm、螺距为 7mm、导程为 14mm、左旋、中径公差带代号为 8e、长旋合长度的双线梯形外螺纹。

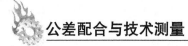

公差配合与技术测量

二、梯形螺纹中径的计算

梯形螺纹的中径与量针直径、螺距有关系。计算公式如下：

$$d_2 = M - (4.864d_D - 1.866P)$$

式中，d_2 为螺纹中径；M 为测量尺寸；P 为螺距；d_D 为量针直径。

任务实施

如图 8-19 所示是一传动机构中的梯形螺杆，用三针法测量其螺纹中径，判断其是否合格。

一、任务分析

此零件的右端为梯形螺纹，其标记代号为 Tr40×10—7e，表示公称直径为 40mm、导程为 10mm、中径公差带代号为 7e 的梯形螺纹。

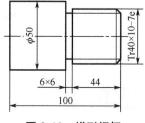

图 8-19　梯形螺杆

梯形螺纹检测主要检测螺纹中径，常用的方法是利用公法线千分尺及量针通过三针法测量。首先根据螺纹的精度等级确定中径尺寸的公差范围，然后将用三针法测量获得的实际中径尺寸与公差范围进行比较，从而得出产品是否合格的结论。

根据螺纹公称直径（40mm）查附表 12，得螺纹的中径尺寸为 35.000mm。然后由螺纹公差带代号 7e 查附表 13，得中径的上极限偏差 es = −0.150mm。再根据螺纹公差等级、公称直径和螺距查附表 14，得此螺纹的中径公差 T_{d2} = 0.400mm。

计算螺纹下极限偏差：

$$ei = es - T_{d2}$$
$$= -0.150 - 0.400$$
$$= -0.550mm$$

故中径的上极限尺寸为 34.850mm，下极限尺寸为 34.450mm。如果实际测量获得的尺寸在此范围内，即为合格，否则为不合格。

二、实施步骤

（1）根据梯形螺纹公称直径（40mm），选用 25～50mm 的公法线千分尺。公法线千分尺是一种利用螺旋副原理，对弧形尺架上两盘形测量面分割的距离进行读数的齿轮公法线测量器具，它主要用于测量齿轮公法线长度，也可用于较高精度要求的螺纹测量。如图 8-20 所示为 0～25mm 的公法线千分尺。

（2）根据梯形螺纹的螺距选用最佳量针，查附表 15 确定标准量针的直径 d_D = 5.150mm。

（3）将量具和被测螺纹清理干净，校正公法线千分尺的零位。

（4）将三根量针放入梯形螺纹牙槽中，旋转公法线千分尺微分筒，使两端测头与三针接触，读出尺寸 M。

图 8-20　公法线千分尺

162

（5）在同一截面相互垂直的两个方向上测出尺寸 M，并取 5 个测量点记录数值，取其平均值并判断螺纹是否合格。

（6）测量结束，将量具擦拭干净并放入盒内保存。

三、数据处理

将测得的 5 组数据的平均值 M 代入公式 $M = d_2 + 4.864 d_D - 1.866 P$，求出被测梯形螺纹的中径 d_2 值，判断 d_2 值是否在规定的极限尺寸范围内，如果超出此范围，则说明该螺纹不合格。

四、填写测量报告

按步骤完成测量并将被测件的相关信息及测量结果填入测量报告（表 8-5）。

表 8-5　梯形螺纹测量报告

螺纹参数						
测量尺寸	公称直径	螺纹中径上极限尺寸	螺纹中径下极限尺寸	牙型角	螺距	旋合长度
Tr40×10—7e	40mm	34.850mm	34.450mm	30°	10mm	中等
测量结果（mm）						
零件名称	阶梯轴		测量日期		结论	测量者	
序号	项目	尺寸要求	使用的量具	测量次数	测量数值	测量平均值（M）	螺纹中径值
1	外螺纹	Tr40×10—7e		1			
				2			
				3			
				4			
				5			

练一练

试测量图 8-21 所示零件的梯形螺纹，要求正确选择量针及千分尺，用三针法进行测量，并判断该梯形螺纹的中径尺寸是否符合精度要求。

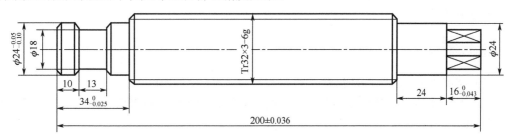

图 8-21　梯形螺杆

任务实施评价

根据本任务的学习情况，认真填写附录 3 所示的评价表。

公差配合与技术测量

想想练练

1. 试说明 Tr42×14（7）—7g—s 的含义。
2. 用三针法测量梯形螺纹时，螺纹中径的公差范围是如何确定的？
3. 用三针法测量零件尺寸应注意哪些问题？

任务三　直齿圆柱齿轮的测量

任务引入

　　齿轮传动是最常见的传动形式之一，在各种机械设备和电气设备中得到广泛应用。据史料记载，我国古代就开始使用齿轮。张衡的地动仪和马钧的指南车都含有齿轮传动装置。

任务目标

◆ **知识目标**

（1）了解齿轮传动的基本要求，理解齿轮精度等级、公差组及检验组的含义。

（2）熟悉直齿圆柱齿轮常用测量器具的结构及工作原理，了解其适用范围。

（3）了解齿轮误差的评定指标。

◆ **技能目标**

（1）能正确使用齿厚游标卡尺、齿轮周节检查仪分别测量齿厚偏差、齿距偏差和齿距累积误差，掌握测量数据的处理方法。

（2）掌握齿轮分度圆弦齿厚的计算方法及齿厚偏差的测量方法。

（3）能正确使用齿轮基节检查仪测量齿轮基节偏差，使用齿轮径向跳动检查仪测量齿轮的径向跳动误差。

器材准备

　　（1）被测零件：直齿圆柱齿轮（图 8-22），$z = 24$，$m = 2mm$。

　　（2）测量器具：齿厚游标卡尺、公法线千分尺、齿轮周节检查仪、齿轮基节检查仪和齿轮径向跳动检查仪。

图 8-22　直齿圆柱齿轮

一、齿轮传动要求

圆柱齿轮是机器中使用最多的传动零件之一，主要用来传递运动和动力。齿轮传动要求及应用见表 8-6。

表 8-6 齿轮传动要求及应用

齿轮传动要求	含 义	应用举例
传递运动的准确性	要求齿轮在一转范围内，最大转角误差被限制在一定范围内，以保证从动件与主动件的运动协调一致	如百分表、分度头中的齿轮
传动的平稳性	要求齿轮传动的瞬时传动比的变化尽量小，以防止瞬时传动比的变化引起齿轮传动的冲击、振动和噪声	如机床和汽车中的齿轮
载荷分布的均匀性	要求齿轮啮合时齿面接触良好，以免引起应力集中，造成齿面局部磨损，影响齿轮使用寿命	如矿山机械中的齿轮，机床、汽车中的齿轮
传动侧隙的合理性	要求齿轮啮合时非工作齿面间有一定的间隙，用于贮存润滑油，补偿弹性变形和热变形及齿轮的制造和装配误差等	如经常正反转的齿轮，为减小回程误差，应适当减小侧隙

💡 **小提示**

上述 4 项要求中，前 3 项是对齿轮传动的精度要求。不同用途的齿轮及齿轮副对每项精度要求的侧重点是不同的。

二、齿轮的精度等级及公差组

国家标准 GB/T 10095.1—2008 对单个齿轮规定了 13 个精度等级。其中，0 级的精度最高，12 级的精度最低。国家标准 GB/T 10095.2—2008 对齿轮径向综合偏差规定了 9 个精度等级。其中，4 级的精度最高，12 级的精度最低。一副齿轮中两个齿轮的精度等级一般相同，必要时也可选不同等级。

按齿轮各项误差对传动性能的主要影响，将齿轮公差分为 3 组，见表 8-7。在生产中，将同一个公差组内的各项指标分为若干个检验组，根据齿轮副的功能要求和生产规模，在各公差组中选定一个检验组来检测齿轮的精度。

表 8-7 齿轮的公差组

公差组	对传动的主要影响	误差特性
1	传递运动的准确性	一转内的转角误差
2	传动的平稳性	齿轮一个周节内的转角误差
3	载荷分布的均匀性	齿线的误差

三、齿轮的测量

齿轮传动的精度要求很高，因此齿轮的测量就显得尤其重要。齿轮测量分为单项测量和综合测量。在生产过程中进行的工艺测量一般为单项测量，其目的是检查加工过程中产生误差的原因，以便及时调整工艺过程。而综合测量在齿轮加工后进行，其目的是判断齿轮各项指标是否满足要求。齿轮单项测量项目见表 8-8。

表 8-8　齿轮单项测量项目

测量项目	符 号	说 明	测量器具	对传动的影响
齿厚偏差	E_{sn}	在分度圆柱面上，法向齿厚的实际值与公称值之差	齿厚游标卡尺	侧隙的合理性
单个齿距偏差	f_{pt}	分度圆上实际齿距与公称齿距之差	齿轮周节检查仪	传动的平稳性
齿距累积误差	F_{pk}	在分度圆上，任意 K 个同侧齿面间的实际弧长与公称弧长的最大差值	齿轮周节检查仪	传动的平稳性
基节偏差	f_{pb}	实际基节与公称基节之差	齿轮基节检查仪	传动的平稳性
公法线长度变动量	E_{bn}	在齿轮一转内，实际公法线长度的最大值与最小值之差	公法线千分尺	传递运动的准确性
齿圈径向跳动误差	F_f	齿轮一转内，测头在齿槽内齿高中部与齿面双面接触，测头相对于齿轮轴线的最大变动量	齿轮径向跳动检查仪、偏摆检查仪、万能测齿仪	传递运动的准确性

四、用齿厚游标卡尺测量齿厚偏差

齿轮分度圆与齿轮两交点间的直线距离称为分度圆齿厚。齿轮分度圆齿厚一般用齿厚游标卡尺测量，它以齿顶圆作为测量基准。

1. 齿厚游标卡尺的结构

齿厚游标卡尺的结构如图 8-23 所示。与普通游标卡尺相比，其在原卡尺的垂直方向又加了一个卡尺。高度卡尺和宽度卡尺的游标分度值相同。目前，常用齿厚游标卡尺的游标分度值为 0.02mm，其原理和读数方法与普通游标卡尺相同。测量模数范围有 1～16mm、1～25mm、5～32mm 和 10～50mm 四种。

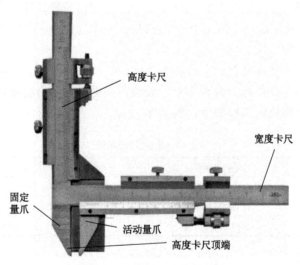

图 8-23　齿厚游标卡尺的结构

2. 测量原理

由于分度圆弧齿厚不易测量，一般用分度圆弦齿厚代替分度圆弧齿厚。高度卡尺用于控制测量部位的弦齿高 h_f，宽度卡尺用于测量所测部位的弦齿厚 S_f（实际）。测量时先将高度卡尺调整为弦齿高，然后紧固，再使高度卡尺顶端接触齿轮顶面，移动宽度卡尺至两量爪与齿轮侧面接触为止，这时宽度卡尺上的读数即为弦齿厚，如图8-24所示。

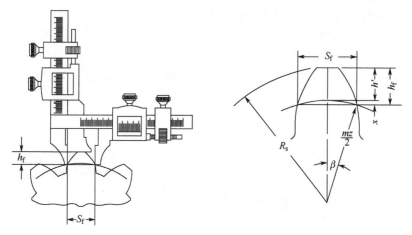

图 8-24　用齿厚游标卡尺测量齿厚偏差的示意图

当齿顶圆直径为公称值时，直齿圆柱齿轮分度圆处的弦齿高 h_f 和弦齿厚 S_f 可按以下公式计算：

$$h_f = h' + x = m + zm/2\left[1 - \cos\left(90°/z\right)\right]$$
$$S_f = zm\sin\left(90°/z\right)$$

式中，m 为齿轮模数；z 为齿轮齿数。

若齿顶圆直径有误差，则测量结果受齿顶圆偏差的影响，应在公称弦齿高中加上齿顶圆半径的实际偏差，即高度卡尺应按下式调整：

$$H_f = h' + x + \Delta R = m + zm/2\left[1 - \cos\left(90°/z\right)\right] + \left(d_{a\,实际} - d_a\right)/2$$

五、用公法线千分尺测量公法线长度变动量

测量公法线长度及其变动量通常使用公法线千分尺或公法线长度指示卡规等测量器具。

1．公法线千分尺的结构

公法线千分尺与普通外径千分尺的结构和读数方法基本相同，不同之处在于公法线千分尺的测砧呈碟形，便于测量时与被测齿面相接触。公法线千分尺的结构如图8-25所示。公法线千分尺的分度值为 0.01mm。

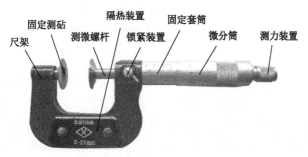

图 8-25　公法线千分尺的结构

2. 测量原理

使用公法线千分尺测量渐开线公法线长度的方法如图 8-26 所示。测量时要求量具的两平行面与被测齿轮的异侧齿面在分度圆附近相切。

公法线长度变动量指在齿轮一转范围内，实际公法线长度最大值与最小值之差。其测量示意图如图 8-27 所示。公法线长度变动量可以反映齿轮加工时机床分度蜗轮中心与工作台中心不重合产生的运动偏心，可将它作为评定齿轮传动准确性的一项指标。

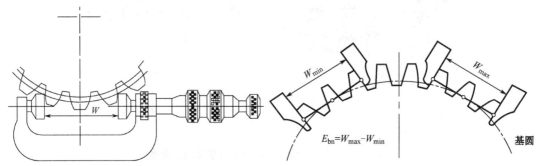

图 8-26　公法线长度测量方法　　　　图 8-27　公法线长度变动量测量示意图

六、用齿轮周节检查仪测量齿轮单个齿距偏差和齿距累积误差

1. 齿轮周节检查仪的结构

齿轮周节检查仪是以相对法测量齿轮单个齿距偏差和齿距累积误差的常用量仪，其测量定位基准是齿顶圆。齿轮周节检查仪的结构如图 8-28 所示，被测齿轮模数范围是 2～15mm，指示表的分度值是 0.001mm。

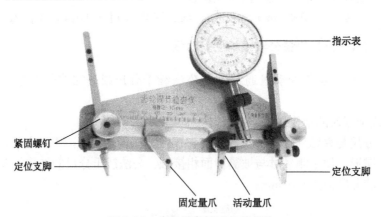

图 8-28　齿轮周节检查仪的结构

2. 测量原理

齿距偏差 f_{pt} 指分度圆上实际齿距与公称齿距之差。用相对法测量 f_{pt} 时，取所有实际齿距的平均值作为公称齿距。齿距累积误差 F_{pk} 指在分度圆上，任意 K 个同侧齿面间的实际弧长与公称弧长的最大差值，即最大齿距累积偏差与最小齿距累积偏差的代数差。

齿轮周节检查仪的测量原理如图 8-29 所示，测量时以被测齿轮的齿顶圆为定位基准。

七、用齿轮基节检查仪测量基节偏差

1. 齿轮基节检查仪的结构

齿轮基节检查仪用于检测直齿或斜齿圆柱齿轮的基节偏差，其结构如图 8-30 所示。被测齿轮模数范围为 1～16mm，指示表范围是 ±0.05mm。

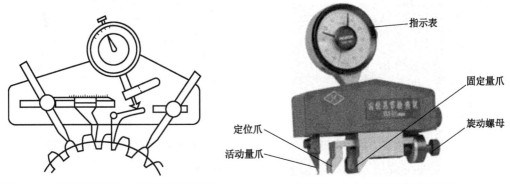

图 8-29　齿轮周节检查仪测量原理示意图　　　　图 8-30　齿轮基节检查仪的结构

2. 测量原理

基节偏差 f_{pb} 指实际基节与公称基节之差，如图 8-31 所示。

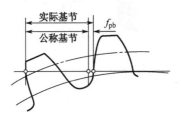

图 8-31　基节偏差示意图

采用齿轮基节检查仪检测基节偏差为相对测量法，用高度等于公称基节的组合量块来校准，如图 8-32 所示。测量时，两测头的工作面与相邻的齿面接触，两测头之间的距离表示实际基节，如图 8-33 所示。

八、用齿轮径向跳动检查仪测量齿圈径向跳动误差

1. 齿轮径向跳动检查仪的结构

齿轮径向跳动检查仪主要用来测量齿圈径向跳动误差，其结构如图 8-34 所示。指示表的分度值为 0.001mm。齿轮径向跳动检查仪可测量模数为 0.3～5mm 的齿轮。

2. 测量原理

齿圈径向跳动误差指在被测齿轮一转范围内，测头在齿槽内齿高中部与齿面双面接触，测头相对于齿轮轴线的最大变动量。

测量时将被测齿轮装在两顶尖之间，将球形测头（或锥形测头）逐齿放入齿槽并沿齿圈测量一周，记下指示表的读数，指示表的最大读数与最小读数之差即为齿圈径向跳动误差，如图 8-35 所示。为了测量不同模数的齿轮，检查仪附有一套不同直径的球形测头。

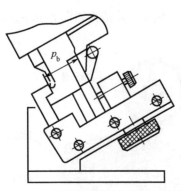

图 8-32　齿轮基节检查仪调整示意图

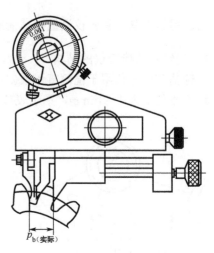

图 8-33　测量基节偏差示意图

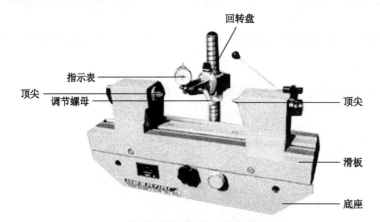

图 8-34　齿轮径向跳动检查仪结构图

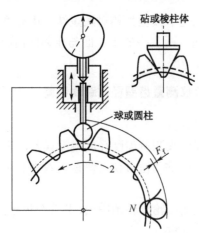

图 8-35　齿圈径向跳动误差测量原理

任务实施

被测零件如图 8-36 所示。

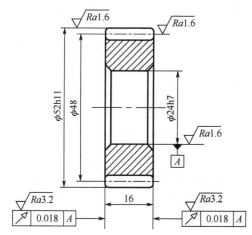

法向模数	m_n	2
齿数	z	24
齿形角	α	20°
径向变位系数	x	0
精度等级		7-FL

图 8-36　被测零件

一、测量齿轮齿厚偏差

（1）用外径千分尺测量齿顶圆的实际直径。

（2）计算分度圆处弦齿高 h_f 和弦齿厚 S_f。

（3）按 h_f 值调整齿厚游标卡尺的高度卡尺。

（4）将齿厚游标卡尺置于被测齿轮上，使高度卡尺与齿顶相接触。然后移动宽度卡尺的卡脚，使卡脚靠近齿廓。从宽度卡尺上读出实际尺寸。

（5）分别在圆周上间隔相同的几个轮齿上进行测量，并记录测量结果。

（6）按被测齿轮的精度等级，确定齿厚上偏差和齿厚下偏差，判断被测齿轮的合格性。

（7）完成测量报告（表 8-9）。

表 8-9　齿轮齿厚偏差测量报告

测量器具	齿厚游标卡尺　　　　　分度值＿＿＿＿＿　　　　测量范围＿＿＿＿＿			
被测齿轮参数	模数	齿数	齿形角	精度
	齿顶圆直径	分度圆弦齿厚	齿厚上偏差	齿厚下偏差
	分度圆弦齿高			
	齿顶圆实际直径			
	高度卡尺调定高度			
测量次数	测量结果			
	齿厚实际值	齿厚实际偏差	结论（说明理由）	
1				
2				
3				
4				

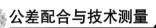

二、测量公法线长度变动量

（1）根据齿轮参数，通过公式或查表确定跨齿数 K 及公法线公称长度 W_k。当测量压力角为 20° 的非变位直齿圆柱齿轮时，计算公式如下：

$$W_k = m \left[1.476 \left(2K - 1 \right) + 0.014z \right]$$

式中，m 为模数；z 为齿数；K 为跨齿数，$K = z/9 + 0.5$（取整数）或按表 8-10 选取。

表 8-10　跨齿数 K 值选取表

齿数 z	10～18	19～27	28～36	37～45
跨齿数 K	2	3	4	5

（2）根据公法线公称长度 W_k 选取适当规格的公法线千分尺并校对零位。

（3）根据选定的跨齿数，用公法线千分尺测量沿被测齿轮圆周均布的 5 条公法线长度。

（4）从测得的实际公法线长度中找出最大值 W_{max} 和最小值 W_{min}，则公法线长度变动量为

$$E_{bn} = W_{max} - W_{min}$$

（5）根据齿轮的技术要求，查出公法线长度变动公差 F_w，判断齿轮合格性。

（6）完成测量报告（表 8-11）。

表 8-11　公法线长度变动量测量报告

测量器具	公法线千分尺　　　　分度值_____　　　　测量范围_____		
	公法线长度变动公差		
	跨齿数		
	公法线公称长度		
	测量结果		
测量次数	公法线实际长度		合格性评定
1			
2			
3			
4			$E_{bn} =$
5			
6			
7			
8			

三、测量齿轮单个齿距偏差和齿距累积误差

（1）调整齿轮周节检查仪的固定量爪。按被测齿轮模数移动固定量爪，使固定量爪的刻线与量仪上相应模数刻线对齐，并用螺钉固定。

（2）调整定位支脚的工作位置。调整定位支脚，使其与齿顶圆接触，并使测头位于分度圆或齿高中部附近，然后固定各定位支脚。

（3）测量时，以被测齿轮上任意一个齿距作为基准进行测量，观察指示表数值，然后使量仪测头稍微离开齿轮，再使它们重新接触，经过反复测量，待示值稳定后，调整指示

表使指针对准零位。以此实际齿距作为测量基准，对齿轮逐齿进行测量，量出各实际齿距对测量基准的偏差，记录测得的数据。

（4）数据处理（以齿数 $z = 10$ 的齿轮为例）见表 8-12。

表 8-12　齿轮单个齿距偏差与齿距累积误差的数据处理　　　　　　单位：μm

齿距序号	相对齿距偏差（测量获得的读数值）	读数值累加	单个齿距偏差	齿距累积误差
1	0	0	−0.5	−0.5
2	+3	+3	+2	+2
3	+2	+5	+3.5	+3.5
4	+1	+6	+4	+4
5	−1	+5	2.5	2.5
6	−2	+3	0	0
7	−4	−1	−4.5	−4.5
8	+2	+1	−6	−6
9	0	+1	−7.5	−7.5
10	+4	+5	+3.5	−4

注：① 相对齿距偏差修正值 $K = -1 \times$（Z 个齿距读数累加值 $\div Z$）$= -0.5\mu m$。
　　② 各序号对应的齿距偏差分别为该序号对应的读数值加上 K 值所得。
　　③ 测量结果：$f_{pt} = -4.5\mu m$（取各齿齿距偏差中绝对值最大者），$F_{pk} = (+4) - (-7.5) = 11.5\mu m$（全部累积值中取其最大差值）。

（5）完成测量报告（表 8-13）。

表 8-13　齿轮单个齿距偏差和齿距累积误差测量报告

测量器具	齿轮周节检查仪　　　　分度值＿＿＿＿＿＿　　　　测量范围＿＿＿＿＿＿			
被测齿轮参数	模数	齿数	齿形角	精度
	单个齿距偏差允许值		齿距累积误差允许值	
测量结果与数据处理				
齿距序号	相对齿距偏差（读数值）	读数值累加	单个齿距偏差	齿距累积误差
1				
2				
3				
4				
5				
6				
7				
8				
9				
10				
11				
12				
13				

14				
15				
16				
17				
18				
19				
20				
21				
22				
23				
24				
相对齿距偏差修正值				
单个齿距偏差				
齿距累积误差				
结论			理由	

四、测量齿轮基节偏差

（1）计算被测齿轮的公称基节 P_b。公称基节的计算公式为 $P_b = \pi m_n \cos\alpha$，当 $\alpha = 20°$ 时，$P_b = 2.9521 m_n$。

（2）根据计算值选取量块或者组合量块，然后将组合好的量块放在调零器上。

（3）转动表壳将表的指针调至指针偏转范围的中心，再将仪器置于调零器的校对块上。

（4）将仪器的定位爪及固定量爪跨压在被测齿上，活动量爪与另一齿面相接触，将仪器来回摆动，指示表上的转折点即为被测齿轮的基节偏差 f_{pb}。当实际基节大于公称基节时，实际基节偏差为正偏差；当实际基节小于公称基节时，实际基节偏差为负偏差。对被测齿轮逐齿进行基节偏差的测量，并记录数据。

（5）取所有读数中绝对值最大的数值作为被测齿轮的基节偏差 f_{pb}。

（6）完成测量报告（表 8-14）。

表 8-14 齿轮基节偏差测量报告

测量器具	齿轮基节检查仪		分度值_____		测量范围_____	
被测齿轮 参数	齿数	模数	齿形角	精度	公称基节	基节偏差
测量结果						
测量次数	1	2	3	4	5	6
基本偏差 左 右						
实际基节偏差			最大（　）最小（　）			
结论			理由			

五、测量齿圈径向跳动误差

（1）根据被测齿轮的模数选择合适的球形测头装入指示表测量杆的下端。

（2）将被测齿轮的中心轴装在仪器的两顶尖上并紧固。

（3）调整滑板位置，使指示表测头位于尺宽的中部。借助升降调节螺母和提升手柄，使测头位于齿槽内且与其双面接触。

（4）调整指示表，使指示表的指针压缩1～2圈，转动指示表的表盘，使指针对准零位，将指示表表架背后的紧固旋钮锁紧。

（5）逐齿测量一周，记下每一齿指示表的读数。每测一齿，要将指示表测头提离齿面，以免撞坏测头。

（6）在所有读数中找出最大读数和最小读数，它们的差值即为齿圈径向跳动误差。将该误差与对应的公差做比较，做出合格性评定。

（7）填写测量报告（表8-15）。

六、成果交流

（1）测量齿轮齿厚偏差的目的是什么？

（2）测量齿距累积误差是为了保证对齿轮传动的哪些要求？

（3）测量基节偏差是为了保证对齿轮传动的哪项使用要求？

（4）为什么测量齿圈径向跳动误差时，要根据齿轮模数的不同，选用不同直径的球形测头？

表8-15　齿圈径向跳动误差测量报告

测量器具	齿轮径向跳动检查仪			分度值_____			测量范围_____	
被测齿轮参数	齿数		模数		齿形角	精度		齿圈径向跳动公差
测量结果	序号	读数	序号	读数	序号	读数	序号	读数
	1		7		13		19	
	2		8		14		20	
	3		9		15		21	
	4		10		16		22	
	5		11		17		23	
	6		12		18		24	
齿圈径向跳动误差								
结论				理由				

任务实施评价

根据本任务学习情况，认真填写附录3所示的评价表。

想想练练

1. 齿轮传动的要求有_____。

2．测量公法线长度变动量最常用的工具是_____。公法线长度变动量公差是控制_____的指标。

3．齿轮传递运动的准确性是要求齿轮在一转内_____误差被限制在一定的范围内。

4．按照 GB/T 10095—2008 的规定，单个圆柱齿轮的精度分为_____个等级，其中_____是制定标准的基准级，用一般的切齿加工便能达到，在设计中用得最广。

5．标准规定，第Ⅰ组公差组的检验组用来鉴定齿轮的_____，第Ⅱ组公差组的检验组用来鉴定齿轮的_____，第Ⅲ组公差组的检验组用来鉴定齿轮的_____。

6．用齿轮周节检查仪测量一齿轮的单个齿距偏差和齿距累积误差，读数值见表 8-16，请进行数据处理，确定齿轮单个齿距偏差和齿距累积误差。

表 8-16　数据处理表

齿距序号	相对齿距偏差（读数值）	读数值累加	单个齿距偏差	齿距累积误差
1	0			
2	+2			
3	+1			
4	+3			
5	−1			
6	−1			
7	−2			
8	+2			
9	0			
10	+4			
11	−2			
12	−3			
13	+2			
14	0			
15	−2			
16	−1			
相对齿距偏差修正值 $K=$				
测量结果				

7．已知某直齿圆柱齿轮，$m = 3mm$，$\alpha = 20°$，$x = 0$，$z = 30$，齿轮精度为 8 级，测得公法线长度分别为 32.132mm、32.104mm、32.095mm、32.123mm、32.116mm、32.120mm，公法线长度要求为 32.250mm，判断该齿轮公法线长度变动量是否合格。

项目九

高精检测设备的应用

测量技术的发展与机械加工精度的提高有着密切的关系。随着我国机械工业的发展，高精检测设备的应用领域逐步扩大，从而有效地解决了传统手工测量中的技术难题，进一步提高了测量效率和测量精度。此外，计算机和量仪联合使用，还可控制测量操作程序，实现自动测量或将测量结果用于控制加工工艺。本项目主要介绍工具显微镜、气动量仪和三坐标测量机的结构、特点和使用方法。

任务一　工具显微镜的应用

任务引入

工具显微镜可用来测量量程内任何零件的尺寸、形状、角度和螺纹，因测量范围广、精确可靠、操作方便，特别适用于精密机械制造业、电子制造业和工具制造业。

现有某公司生产的摩托车发动机上的几枚固定螺栓，售后服务反馈的信息显示，因该螺栓断裂造成发动机故障共 3 起。公司责成质量检验部对该螺栓进行检测，查明断裂的原因，以便调整机器装配的质量控制。质量检验部专业人员首先利用工具显微镜对使用过一段时间的螺栓进行尺寸检测，然后对螺栓进行超声波探伤。

任务目标

◆ **知识目标**

（1）了解工具显微镜的工作原理。

（2）熟悉工具显微镜的结构、特点和用途。

◆ **技能目标**

学会使用工具显微镜测量螺栓。

器材准备 ⫴⫴

（1）被测零件：螺栓（图 9-1）。

（2）测量器具：工具显微镜（图 9-2）。

图 9-1　螺栓

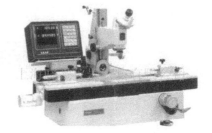

图 9-2　工具显微镜

知识链接 ⫴⫴

一、工具显微镜的结构

如图 9-3 所示为 JGW-1S 型数字式万能工具显微镜的外形结构。

瞄准显微镜 16 装在立柱上，转动调焦手轮 1 可使瞄准显微镜上下移动，以实现对被测件的调焦，并可用紧固手轮紧固。

瞄准显微镜的照明系统和立柱连成一体。在底座 6 内，可变光阑的调节通过钢带并经一对螺旋齿轮由装在立柱右侧的光阑旋钮 5 调节，光阑直径可从旋钮上的刻度读出。立柱与横向滑板以精密长轴连接，并用钢球夹紧以消除轴向窜动。立柱可绕此轴左右各倾斜15°，其倾角可从立柱倾斜角投影屏 18 上读出。立柱里面装有垂直方向的刻尺，供测高读数用（从瞄准显微镜中读出），视场由电器控制板 10 控制开关变换。横向光栅组 3 的主光栅固定在横向滑板上，指示光栅装在底座上，当横向滑板移动，对工件瞄准后，可从数字显示屏 15 读出位移值。纵向滑板 12 上可安置圆分度台 13，根据测量需要还可安置平工作台、顶针架、圆分度头和测量刀等附件。纵向光栅组 14 的主光栅装在纵向滑板 12 的左、右侧，指示光栅也装在底座上，纵向滑板的移动量同样可从显示屏中读出。

仪器前罩壳上装有电器控制板 10，其上有纵、横向测量显示的方向控制开关、复零按键等。方向控制开关用于保证纵向左右、横向前后都可做测量起始点，而复零按键用于保证在任一位置上都可置零以做起始点。

二、工具显微镜的光学系统

如图 9-4 所示为 JGW-1S 型数字式万能工具显微镜的瞄准显微镜光学系统。

光源 1 经前组聚光镜 2、场镜 3 成像在可变光阑 4 处，经后组聚光镜 6 后以平行光射出，使物面（工作台上的工件）获得均匀照明。未被工件挡住的光线进入物镜 7，经五角棱镜 9 成像于米字线分划板上（图中未画出，在度盘 10 中间的位置），然后与分划板一起经分光棱镜 11 后，一路由投影物镜 12 经 30°棱镜 13、反射镜 14 成像于投影屏 15 上，另一路经直角棱镜 16、变倍物镜 17、直角棱镜 18、反射镜 19、30°棱镜 20，在进入目镜棱镜组 21、22 后成像于目镜的物方焦面上。目镜为双筒式，眼基距可在 64～72mm 范围内调节，整组双筒目镜可在 15°～55°（与水平线夹角）范围内调节，其放大倍数为 10 倍固定式。可换物镜 7 有 1 倍和 3 倍两种，3 倍为基本物镜。变倍物镜可在 1～3 倍范围内连续变倍，变倍调节手轮装在显微镜外壳右侧，有显示窗显示倍数。瞄准显微镜内装有正像棱镜和双像棱镜（图中未画出），由装在显微镜左外侧的推杆控制。当推入推杆时，正像棱镜进入光路，供正常测量时用；拉出推杆时，双像棱镜进入光路，供双像测量时用。

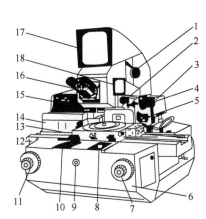

1—调焦手轮；2—变倍调节手轮；3—横向光栅组；
4—立柱倾斜手轮；5—光阑旋钮；6—底座；
7—纵向手轮；8—分度台和分度头投影屏；
9—光亮度调节旋钮；10—电器控制板；11—横向手轮；
12—纵向滑板；13—圆分度台；14—纵向光栅组；
15—数字显示屏；16—瞄准显微镜；17—投影屏；
18—立柱倾斜角投影屏

图 9-3　仪器外形结构

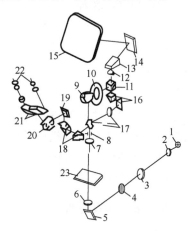

1—光源；2—前组聚光镜；3—场镜；4—可变光阑；
5,14,19—反射镜；6—后组聚光镜；7—物镜；8—光阑；
9—五角棱镜；10—度盘；11—分光棱镜；12—投影物镜；
13,20—30°棱镜；15—投影屏；16,18—直角棱镜；
17—变倍物镜；21—分像棱镜；
22—目镜；23—工作台玻璃

图 9-4　仪器光学系统

三、工具显微镜的数字显示系统

如图 9-5 所示为 JGW-1S 型数字式万能工具显微镜的数字显示系统原理图。从光源 1 射出的光线经聚光镜 2 形成平行光，通过指示光栅 3 和标尺光栅 4 后形成莫尔条纹，再经四分透镜 5 成像于光敏二极管 6 上。光敏二极管的输出信号进入细分运算放大电路 7、计数脉冲形成电路 8，经换向门控方向控制 9 输入十进制可逆计数器 10，由数字管显示读数。JGW-1S 型数字式万能工具显微镜使用 100 条/mm 的光栅，每移动 0.01mm，莫尔条纹明暗变化一次，即为一个周期，将此周期进行细分，可得 0.5μm 的最小显示值。

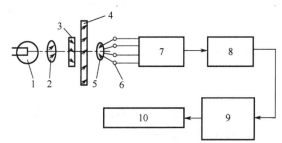

1—光源；2—聚光镜；3—指示光栅；4—标尺光栅；5—四分透镜；6—光敏二极管；
7—细分运算放大电路；8—计数脉冲形成电路；9—换向门控方向控制；10—十进制可逆计数器

图 9-5　数字显示系统原理图

四、工具显微镜的用途

工具显微镜是机械工业中常用的光学测量仪器，它可用来测量各种长度和角度，特别适合于测量各种复杂的工具和零件，如螺纹的各单项参数、凸轮的轮廓、切削刀具（铣刀、滚刀、丝锥）、锥体、样板、孔间距等，应用范围广泛。

（1）测量尺寸：长度、外径、孔径及孔距等。

（2）测量角度：各种刀具、样板及锥孔的几何角度等。

（3）测量螺纹：螺纹的中径、内径、螺距、牙型角等。

（4）检定形状：刀具、冲模及凸轮等异形零件的轮廓。

任务实施

使用工具显微镜进行测量的方法有影像法和轴切法。影像法是在工具显微镜的分划板上瞄准被测长度一边后，从相应的读数装置中读数，然后移动工作台，以同一标线瞄准被测长度的另一边获取第二次读数，两次读数值之差的绝对值即为被测长度的量值。下面采用影像法对零件的螺纹进行测量。

一、正确安装被测零件

将被测零件放置在工作台上，借助磁力表座使零件的螺纹轴线与工作台平行，如图 9-6 所示。

图 9-6　用磁力表座安装被测零件

二、用工具显微镜测量螺纹牙型角、大径和螺距

1. 测量螺纹牙型角

牙型角的测量方法是将牙型角放大以后，分别测出某个牙型的 4 个点坐标，通过数据处理换算成角度值。具体操作步骤如下。

（1）选择合适的物镜与目镜。

（2）打开透射光源，调节亮度和悬臂高度，直至从目镜中能观察到零件清晰的轮廓影像。

（3）调节转动手轮，使刻线板上的坐标中心对准螺纹牙侧的一点 A，如图 9-7 所示。

（4）在外接微计算机处理器上按"angle"键，再按"enter"键确认牙侧一点的位置，该点坐标值即显示在屏幕上，如图 9-8 所示。

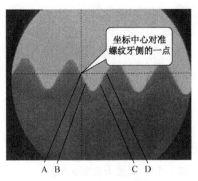

图9-7　第一测点示意图

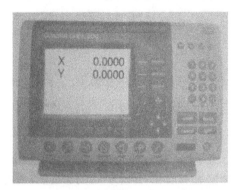

图9-8　螺纹第一测点的坐标值

（5）移动工作台，使坐标中心对准螺纹同一牙侧的另一点 B，按"enter"键确认第二个点的位置，再按"finish"键完成第一边的测量。

（6）按上述方法，使坐标中心对准同一牙型另一侧的某一点 C，再按"enter"键确认位置。

（7）移动工作台，使坐标中心对准同一牙型另一侧的第二个点 D，按"enter"键确认该点的坐标。再按"finish"键完成第二边的测量，处理器会自动计算出牙型角，如图 9-9 所示。

图9-9　显示牙型角测量结果

2．测量螺纹大径

（1）调节工作台，使目镜中的水平坐标线对齐螺纹牙顶，如图 9-10 所示。

（2）按处理器上的"X 坐标归零"和"Y 坐标归零"按键，将坐标全部归零，如图 9-11 所示。

（3）移动工作台，使目镜中的水平坐标线对齐螺纹另一边的牙顶，如图 9-12 所示。

（4）找准位置后，处理器会自动显示测量结果（图 9-13）。

图9-10　坐标线相对螺纹牙顶位置示意图

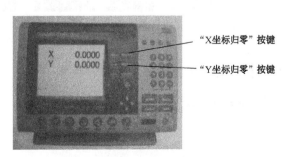

图9-11　坐标归零

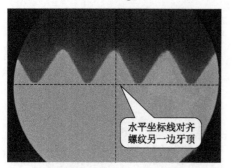

水平坐标线对齐
螺纹另一边牙顶

图 9-12　坐标线相对螺纹另一边牙顶位置示意图

图 9-13　螺纹大径测量结果

3．测量螺距

（1）调节工作台，使目镜中的水平坐标线对齐螺纹牙顶。

（2）转动横向螺杆，使目镜中的水平坐标线位于螺纹中径附近某一位置。

（3）转动纵向螺杆，使刻线板上的坐标中心对准螺纹某牙侧的一点，直接按处理器上的"X 坐标归零"和"Y 坐标归零"按键。

（4）转动纵向螺杆，使牙型纵向移动几个螺距的长度，直至刻线板上的坐标中心对准螺纹另一侧牙型，处理器会自动显示两者之间的距离。

（5）将测量数据除以移动的螺距数量，所得的值即为被测螺纹的螺距。

三、观察螺纹牙顶和牙底的微观图像，判定螺纹的旋合受力情况

观察螺纹牙顶和牙底的微观图像，主要是为了确定螺纹在使用过程中是否存在受力过大、旋合长度过长的情况，以便调整机器装配中螺纹安装的控制力和长度。

观察螺纹牙顶、牙底的微观图像时，除选择合适的目镜和物镜外，还必须采用反射光源。打开反射光源，调节亮度，然后调节悬臂高度，以便看到清晰的像。螺纹牙顶和牙底的微观图像如图 9-14 所示。

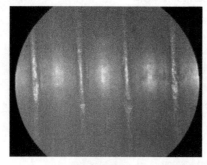

（a）牙顶

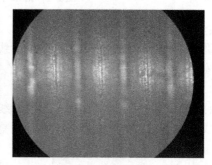

（b）牙底

图 9-14　螺纹牙顶与牙底的微观图像

四、完成测量报告

完成表 9-1 所示的测量报告。

表 9-1 螺栓测量报告

测量器具	工具显微镜　　　分度值					
被测零件（尺寸要求）						
测量件数	测量结果					
	大径	小径	牙型角	螺距	牙顶微观	合格性判定
1						
2						
3						

五、成果交流

（1）工具显微镜的测量精度是多少？

（2）利用工具显微镜检测螺栓时，在什么情况下打开射透光源？在什么情况下打开反射光源？

（3）为什么要观察螺纹牙顶与牙底的微观图像？

任务实施评价 ▮▮▮

根据任务完成情况，认真填写附录 3 所示的评价表。

想想练练 ▮▮▮

1．使用工具显微镜测量螺纹常用的方法有哪些？

2．能用工具显微镜进行测量的项目有哪些？

3．作为精密光学测量仪器，工具显微镜使用时应注意什么？

4．判断：工具显微镜工作台的转动是通过纵、横向螺纹的转动实现的。（　　）

5．判断：用工具显微镜测量螺纹大径时必须采用射透光源。（　　）

6．判断：用工具显微镜检查螺纹牙顶磨合情况时必须采用反射光源。（　　）

任务二　气动量仪的应用

任务引入 ▮▮▮

气动量仪具有灵敏度高、精度高、测量效率高、测量力小等优点，在机械制造行业中得到了广泛应用，尤其适用于其他方法难以解决的深孔内径、小孔内径、窄槽宽度等的测量。此外，它还可用于测量薄壁零件和软金属零件。

现有某公司的发动机箱盖需要检测，该箱盖的中心比较深，尺寸要求高，产品批量大，为了提高检测效率，由量仪厂专门定制环规、测头，采用气动量仪进行检测。

任务目标 ||||

◆ **知识目标**

（1）了解气动量仪的工作原理。

（2）熟悉浮标式气动量仪的结构、特点及用途。

◆ **技能目标**

学会用浮标式气动量仪测量发动机箱盖。

器材准备 ||||

（1）被测零件：发动机箱盖（图9-15）。

（2）测量器具：浮标式气动量仪（图9-16）。

图9-15　发动机箱盖

图9-16　浮标式气动量仪

知识链接 ||||

一、气动量仪的工作原理及分类

气动量仪是利用压缩空气流过零件表面时压力或流量的变化，将被测尺寸的变化转换成气体或流量信号，通过刻度显示装置反映零件几何尺寸或位置的测量仪器。其工作原理如图9-17所示。

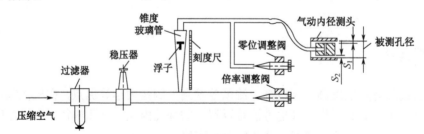

图9-17　浮标式气动量仪的工作原理图

气动量仪的示值范围较小，一般为 $\pm 20 \sim \pm 100 \mu m$。按示值范围的不同，常见的分度值有 $0.5 \mu m$、$1 \mu m$、$2 \mu m$ 等几种。允许误差一般不大于一个分度值。

气动量仪主要分为压力式和流量式两类。压力式气动量仪有水柱式、水银式和波纹管式等。流量式气动量仪又称浮标式气动量仪，有单管、双管、三管等类型。

如图9-16所示为三管浮标式气动量仪，它可同时连接三个气动测头，完成不同的测量项目。

二、气动量仪的特点及用途

气动量仪是一种多功能的综合量仪，搭配不同的气动测头，可以实现多种参数的测量，在机械制造行业中得到了广泛应用。其特点如下。

（1）测量范围广。可测长度，如内径、外径、槽宽、深度、厚度等。还可测量形状和位置误差，如圆度、同轴度、直线度、平面度误差等。特别是对某些用机械量具难以解决的深孔内径、小孔内径、窄槽宽度等的测量，用气动量仪比较容易实现。

（2）量仪的放大倍数较高，人为误差较小，不会影响测量精度。工作时无机械摩擦，没有回程误差。

（3）操作方法简单，读数方便，能够进行连续测量，易于判断各尺寸是否合格。

（4）能够实现测头与被测表面不直接接触，可以减少量仪对测量结果的影响，避免划伤被测件的表面。同时可以减少对测头的磨损，延长使用寿命。

（5）气动量仪的主体和测头之间采用软管连接，可实现远距离测量。

（6）结构简单，工作可靠，调整、使用和维修都十分方便。

三、单管浮标式气动量仪的结构及规格

单管浮标式气动量仪是最常见的气动量仪之一，其结构如图9-18所示。

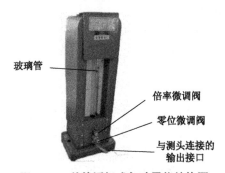

玻璃管

倍率微调阀

零位微调阀

与测头连接的
输出接口

图9-18　单管浮标式气动量仪结构图

单管浮标式气动量仪的规格包括基本放大倍数、有效示值范围和分度值，具体见表9-2。基本放大倍数指刻度尺上相邻两刻线的间距与分度值的比值。有效示值范围指在全部刻度范围内，能够保证性能指标的刻度范围。

表9-2　单管浮标式气动量仪的规格

基本放大倍数	1000	2000	5000	10000
有效示值范围	160	80	30	16
分度值	5.0	2.0	1.0	0.5

任务实施

以被测零件中心孔 $\phi 40^{+0.0186}_{-0.0003}$ mm 为例，介绍其测量步骤和方法。

一、测量前

1. 选择合适的校对环规和测头

根据被测零件孔的尺寸公差要求确定两个校对环规和一个测头。环规与测头必须根据被测零件孔的尺寸到量仪厂定制。上限环规的尺寸为 $\phi 40.0186$mm，下限环规的尺寸为 $\phi 39.9997$mm，测头的直径规格为 $\phi 40^{+0.02}_{0}$ mm，如图 9-19 所示。

（a）上、下限环规 （b）测头

图 9-19 测量用环规和测头

2. 连接气管和测头，检查气动量仪

（1）检查气动量仪有无漏气现象。

（2）检查倍率微调阀和零位微调阀是否灵活、可靠，浮标有无轴向窜动。

（3）检查界限指针上下调整是否方便，要求定位准确、固定可靠。

二、测量中

1. 选择合适的放大倍率，调定量仪浮标的上、下限位置

打开气源开关，调好压缩空气的压力。然后将测头放入下限环规内，采用 5000 倍放大倍率，用零位微调阀调定浮标的下限位置，如图 9-20（a）所示，浮标处于调定的零位状态。再将测头放在上限环规内，用倍率微调阀调定浮标的上限位置，如图 9-20（b）所示，浮标处于调定的上限位置状态。

（a）下限位置 （b）上限位置

图 9-20 调定浮标的上、下限位置

2．测量零件尺寸

将测头小心地放入零件的被测孔内，如图9-21所示。打开空气开关，被测孔径实际尺寸与校对尺寸之差引起的间隙变化使测量室中的空气流量发生变化。变化的大小由浮标在锥度玻璃管中的位置显示出来，如图9-22所示。从刻度尺上读出浮标与下限之间的格数。

图9-21　零件的测量方法

图9-22　零件测量的浮标位置

三、测量后

关闭空气开关，将测头和气管拆下后存放在专用盒内。气动量仪应保持洁净。

四、填写测量报告

处理测量数据，并完成测量报告（表9-3）。

表9-3　发动机箱盖测量报告

测量器具	气动量仪　　基本放大倍数_____　　有效示值范围_____　　分度值_____	
被测零件尺寸要求	发动机箱盖中心孔尺寸	
测量件数	测量结果	
	测量值	合格性评定
1		
2		
3		
4		
5		

💡 **小提示**

测量零件时，只要浮标在上、下限位置之间，即说明零件合格。

五、成果交流

（1）量仪的基本放大倍数、有效示值范围和分度值分别为多少？

（2）使用气动量仪前应做哪些检查工作？

（3）如何调整量仪的上、下限位置？

任务实施评价

根据任务完成情况，认真填写附录 3 所示的评价表。

想想练练

1. 根据不同的测量范围，气动量仪常用的分度值有_____。
2. 浮标式气动量仪的基本放大倍数指_____。
3. 浮标式气动量仪的有效示值范围指_____。
4. 简述浮标式气动量仪的测量过程。
5. 总结浮标式气动量仪的使用注意事项。

任务三　三坐标测量机的应用

任务引入

三坐标测量机是一种高效、高精度的测量仪器，可以准确、快速地测量线、平面、圆、圆柱等要素，以及孔的中心位置等，特别适用于测量复杂的箱体类零件、模具、精密铸件等带有空间曲面的零件。但其价格昂贵，所以一般企业不配备三坐标测量机。

任务目标

◆ **知识目标**

（1）了解三坐标测量机的工作原理。

（2）熟悉三坐标测量机的结构、用途及维护方法。

◆ **技能目标**

初步掌握三坐标测量机的操作方法和测量步骤。

器材准备

（1）被测零件：发动机缸体（图 9-23）。

（2）测量器具：三坐标测量机（图 9-24）。

图 9-23　发动机缸体

图 9-24　三坐标测量机

三坐标测量机又称三坐标测量仪或三坐标量床。三坐标测量机具有可在三个方向移动的探测器，它可在三个相互垂直的导轨上移动，此探测器以接触或非接触方式传递信号，三个轴的位移测量系统（如光栅尺）经数据处理器或计算机等计算出被测工件的各点坐标。

一、主要特征

（1）三轴均采用天然花岗岩导轨，保证了整体具有相同的热力学性能，避免了三轴材质不同所造成的机器精度误差。

（2）三轴导轨采用天然花岗岩四面全环抱式矩形结构，配上高精度自洁式预应力气浮轴承，确保机器精度长期稳定；同时轴承沿轴向受力，受力稳定均衡，有利于保证机器硬件寿命。

（3）采用小孔出气技术，在轴承间隙形成冷凝区域，消除轴承运动摩擦带来的热量，增强设备整体热稳定性。

（4）三轴均采用镀金光栅尺，分辨率为 0.1μm；同时采用一端固定、一端自由伸缩的方式安装，减少了光栅尺的变形。

（5）采用钢丝增强同步带传动结构，有效减少了高速运动时的振动，具有高强度、高速度及无磨损等特点。

（6）软件功能强大，简单易学。

二、基本构成

（1）X 向横梁：采用精密梁技术。

（2）Y 向导轨：采用直接加工在工作台上的整体结构。

（3）导轨形式：采用自洁式预载荷高精度空气轴承组成的四面环抱式静压气浮导轨。

（4）驱动系统：采用高性能直流伺服电动机和柔性同步齿形带传动装置，各轴均有限位和电子控制，传动更快捷，运动性能更佳。

（5）Z 向主轴：采用可调节的气动平衡装置，提高了定位精度。

（6）控制系统：采用双计算机三坐标专用控制系统。

（7）机器系统：采用计算机辅助 3D 误差修正技术（CAA），保证了系统的长期稳定性和高精度。

（8）测量软件：采用功能强大的 3D-DMIS 测量软件包，具有完善的测量功能和联机功能。

三、工作原理

三坐标测量机在三个相互垂直的方向上有导向机构、测长元件、数显装置，还有一个能够放置工件的工作台，测头能以手动或机动方式移动到被测点上，由读数设备和数显装置把被测点的坐标值显示出来。通过三坐标测量机，可以获得测量容积里任意一点的坐标值。

三坐标测量机的采点发讯装置是测头，在沿 X、Y、Z 三个轴的方向装有光栅尺和读数头。其测量过程就是当测头接触工件并发出采点信号时，由控制系统采集当前机床三轴坐标相对于机床原点的坐标值，再由计算机系统对数据进行处理。

四、分类

三坐标测量机按结构可分为如下几类：移动桥架型、床式桥架型、柱式桥架型、固定桥架型、L 形桥架型、轴移动悬臂型、单支柱移动型、单支柱测量台移动型、水平臂测量台移动型、水平臂测量台固定型。

五、维护和保养

三坐标测量机是一种高精密仪器，为确保其测量精度，延长使用寿命，降低故障率，操作人员必须掌握其维护和保养方法。

1．测量前注意事项

（1）三坐标测量机对环境要求比较严格，应按照要求控制温度和湿度。若长时间没有使用三坐标测量机，在开机前应打开电控柜，保持通风，使电路板得到充分干燥，以免电控系统受潮后突然通电而受损。然后检查气源压力、电源电压是否正常。

（2）三坐标测量机使用气浮轴承，理论上是永不磨损的结构，但是如果气源不干净，有油、水或杂质，就会造成气浮轴承阻塞，严重时会造成气浮轴承和气浮导轨被划伤。所以应每天检查机床气源，放水放油。还应定期清洗过滤器及油水分离器。

（3）三坐标测量机的导轨加工精度很高，与空气轴承的间隙很小，如果导轨上有灰尘或其他杂质，就容易造成气浮轴承和导轨被划伤。所以每次开机前应清洁机器的导轨，花岗岩导轨应用无水乙醇擦拭。

（4）在保养过程中不能给任何导轨上任何性质的油脂。

（5）应按要求定期给光杠、丝杠、齿条加注润滑油。

2．测量中注意事项

（1）被测零件在放到工作台上检测之前，应先清洗去毛刺，防止零件表面残留的冷却液及加工残留物影响测量机的测量精度及测头使用寿命。

（2）被测零件在测量之前应在室内恒温环境下放置一段时间，如果温度相差过大，会影响测量精度。

（3）大型及重型零件在放置到工作台上的过程中应轻放，以免造成剧烈碰撞，致使工作台或零件受损。必要时可以在工作台上放置一块厚橡胶垫，以防止碰撞。

（4）在工作过程中，测座在转动时一定要远离零件，以避免碰撞。

3．测量后注意事项

（1）工作结束后将机器总气源关闭。

（2）应将 Z 轴移动到下方，但应避免测头撞到工作台。

（3）检查导轨，如有水印应及时检查过滤器。

（4）工作完成后应清洁工作台面。

任务实施

以测量摩托车汽缸零件的两个定位销孔的距离为例。要求左上和右下两个定位销孔的距离为 84mm±0.05mm。

一、测量前

（1）打开气泵，调定压缩空气的压力。

（2）打开计算机，单击 ![图标] 打开 UCC 软件，再单击 ![图标] 打开测量软件。在 X、Y、Z 三个方向移动测量机，用控制盒把机床控制速度调到最大，单击机床归零图标 ![图标]，使机床归零，建立机床坐标系（图 9-25）。以 3-2-1 坐标系为例，以面-线-点的方式建立坐标系，如图 9-26 所示。

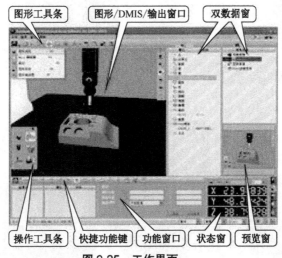

图 9-25　工作界面

图 9-26　建立坐标系

二、测量中

（1）将缸体零件清理干净。

（2）安放缸体。利用夹具将缸体放在工作台上并固定，确保被测销孔的中心线与工作台平行，缸体的某一平面与 Y 方向平面平行。

（3）根据零件的测量要求，选择测量项目。

（4）确定测量基准平面，建立工件坐标系。如图 9-27 所示，通过手动操作控制盒，移动测头，让测头接触工件平面，并选择工件平面上的四点来设定基准平面和建立工件坐标系。

（5）根据测量项目确定测量点，对零件进行测量，如图 9-28 所示。

将测头放入右下角定位销孔内，缓慢操作 Y 方向摇杆，使测头沿 Y 方向移动直至接触销孔内表面，机器发出鸣叫声，并自动将所探测的点的三维坐标存入计算机系统内部。

缓慢移动 Y 方向摇杆，使测头反方向移动直至接触销孔内表面，机器发出鸣叫声，并将所探测的点的三维坐标存入计算机系统内部。

将测头从 Y 方向退回，让测头在 Z 方向移动，采集相关数据。

图 9-27　确定基准平面

（a）测量右下角定位销孔　　　　　　　　　　（b）测量左上角定位销孔

图 9-28　测量零件

将测头放入左上角销孔内，同样采集四点数据。

在双数据区单击实际测量圆名称（CIR1、CIR2），显示测量参数值（9.0559mm、9.9893mm），如图 9-29 所示。

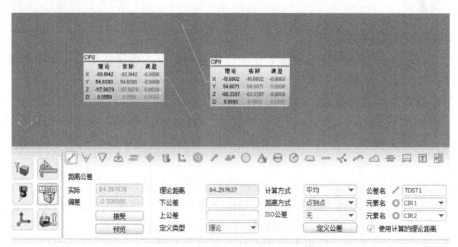

图 9-29　定位销孔坐标值

在公差评价界面中评价零件合格性。

测量结果能以报告形式（坐标值）或 PDF 格式保存，如图 9-30 所示。

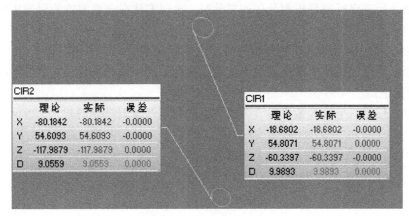

图 9-30　保存测量结果

三、测量后

关闭测量软件，将测量机恢复到初始位置并把控制速度调为零，按下急停开关，关闭计算机。完成测量报告（表 9-4）。

四、成果交流

（1）三坐标测量机的测量精度是多少？

（2）使用三坐标测量机测量前要对其做哪些检查？

（3）如何确定测量基准平面？

表 9-4　摩托车汽缸零件测量报告

测量器具	三坐标测量机				
被测零件技术要求					
测量件数	定位销孔 1 直径	定位销孔 2 直径	Y 距离	Z 距离	合格性评定
1					
2					
3					
4					
5					
6					

任务实施评价

根据任务完成情况，认真填写附录 3 所示的评价表。

想想练练

1. 三坐标测量机采用的测量方法是_____。

2．三坐标测量机作为一种精密的测量仪器，在使用和保养方面有哪些注意事项？

3．三坐标测量机主要由_____、_____、_____、_____四部分组成。

4．判断：用三坐标测量机测量任何零件时，被测零件在测量室宜放置半小时左右再进行测量。（　　）

5．判断：用三坐标测量机测量零件时，应先标定测头，后确定测量平面。（　　）

6．判断：使用三坐标测量机测量定位销孔径时采用了直接测量法，测量销孔距离时采用了间接测量法。（　　）

7．判断：使用三坐标测量机时气源设备中的空气过滤器要定时放水，以保证压缩空气的质量。（　　）

8．判断：可用防锈油擦拭三坐标测量机的导轨。（　　）

附录1

尺寸公差、配合与螺纹

附表1　标准公差数值

基本尺寸 (mm)		公差等级																			
大于	至	IT01	IT0	IT1	IT2	IT3	IT4	IT5	IT6	IT7	IT8	IT9	IT10	IT11	IT12	IT13	IT14	IT15	IT16	IT17	IT18
		μm													mm						
—	3	0.3	0.5	0.8	1.2	2	3	4	6	10	14	25	40	60	0.10	0.14	0.25	0.40	0.60	1.0	1.4
3	6	0.4	0.6	1	1.5	2.5	4	5	8	12	18	30	48	75	0.12	0.18	0.30	0.48	0.75	1.2	1.8
6	10	0.4	0.6	1	1.5	2.5	4	6	9	15	22	36	58	90	0.15	0.22	0.36	0.58	0.90	1.5	2.2
10	18	0.5	0.8	1.2	2	3	5	8	11	18	27	43	70	110	0.18	0.27	0.43	0.70	1.10	1.8	2.7
18	30	0.6	1	1.5	2.5	4	6	9	13	21	33	52	84	130	0.21	0.33	0.52	0.84	1.30	2.1	3.3
30	50	0.6	1	1.5	2.5	4	7	11	16	25	39	62	100	160	0.25	0.39	0.62	1.00	1.60	2.5	3.9
50	80	0.8	1.2	2	3	5	8	13	19	30	46	74	120	190	0.30	0.46	0.74	1.20	1.90	3.0	4.6
80	120	1	1.5	2.5	4	6	10	15	22	35	54	87	140	220	0.35	0.54	0.87	1.40	2.20	3.5	5.4
120	180	1.2	2	3.5	5	8	12	18	25	40	63	100	160	250	0.40	0.63	1.00	1.60	2.50	4.0	6.3
180	250	2	3	4.5	7	10	14	20	29	46	72	115	185	290	0.46	0.72	1.15	1.85	2.90	4.6	7.2
250	315	2.5	4	6	8	12	16	23	32	52	81	130	210	320	0.52	0.81	1.30	2.10	3.20	5.2	8.1
315	400	3	5	7	9	13	18	25	36	57	89	140	230	360	0.57	0.89	1.40	2.30	3.60	5.7	8.9
400	500	4	6	8	10	15	20	27	40	63	97	155	250	400	0.63	0.97	1.55	2.50	4.00	6.3	9.7
500	630	4.5	6	9	11	16	22	30	44	70	110	175	280	440	0.70	1.10	1.75	2.8	4.4	7.0	11.0
630	800	5	7	10	13	18	25	35	50	80	125	200	320	500	0.80	1.25	2.00	3.2	5.0	8.0	12.5
800	1000	5.5	8	11	15	21	29	40	56	90	140	230	360	560	0.90	1.40	2.30	3.6	5.6	9.0	14.0
1000	1250	6.5	9	13	18	24	34	46	66	105	165	260	420	660	1.05	1.65	2.60	4.2	6.6	10.5	16.5
1250	1600	8	11	15	21	29	40	54	78	125	195	310	500	780	1.25	1.95	3.10	5.0	7.8	12.5	19.5
1600	2000	9	13	18	25	35	48	65	92	150	230	370	600	920	1.50	2.30	3.70	6.0	9.2	15.0	23.0
2000	2500	11	15	22	30	41	57	77	110	175	280	440	700	1100	1.75	2.80	4.40	7.0	11.0	17.5	28.0
2500	3150	13	18	26	36	50	69	93	135	210	330	540	860	1350	2.10	3.30	5.40	8.6	13.5	21.0	33.0
3150	4000	16	23	33	45	60	84	115	165	260	410	660	1050	1650	2.60	4.10	6.6	10.5	16.5	26.0	41.0
4000	5000	20	28	40	55	74	100	140	200	320	500	800	1300	2000	3.20	5.00	8.0	13.0	20.0	32.0	50.0

注：① 公称尺寸大于500mm的IT1～IT5的标准公差数值为试行的。

② 公称尺寸小于或等于1mm时，无IT4～IT18。

附表2　轴的极限偏差数值（摘自 GB/T 1800.2—2009）　　　　　单位：μm

代号		a	b	c	d	e	f	g	h							
公称尺寸（mm）		公差等级														
大于	至	11	11	11*	9*	8	7*	6*	5	6*	7*	8	9*	10	11*	12
—	3	-270/-330	-140/-200	-60/-120	-20/-45	-14/-28	-6/-16	-2/-8	0/-4	0/-6	0/-10	0/-14	0/-25	0/-40	0/-60	0/-100
3	6	-270/-345	-140/-215	-70/-145	-30/-60	-20/-38	-10/-22	-4/-12	0/-5	0/-8	0/-12	0/-18	0/-30	0/-48	0/-75	0/-120
6	10	-280/-338	-150/-240	-80/-170	-40/-76	-25/-47	-13/-28	-5/-14	0/-6	0/-9	0/-15	0/-22	0/-36	0/-58	0/-90	0/-150
10	14	-290/-400	-150/-260	-95/-205	-50/-93	-32/-59	-16/-34	-6/-17	0/-8	0/-11	0/-18	0/-27	0/-43	0/-70	0/-110	0/-180
14	18															
18	24	-300/-430	-160/-290	-110/-240	-65/-117	-40/-73	-20/-41	-7/-20	0/-9	0/-13	0/-21	0/-33	0/-52	0/-84	0/-130	0/-210
24	30															
30	40	-310/-470	-170/-380	-120/-280	-80/-142	-50/-89	-25/-50	-9/-25	0/-11	0/-16	0/-25	0/-39	0/-62	0/-100	0/-160	0/-250
40	50	-320/-480	-180/-340	-130/-290												
50	65	-340/-530	-190/-380	-140/-330	-100/-174	-60/-106	-30/-60	-10/-29	0/-13	0/-19	0/-30	0/-46	0/-74	0/-120	0/-190	0/-300
65	80	-360/-550	-200/-390	-150/-340												
80	100	-380/-600	-220/-440	-170/-390	-120/-207	-72/-126	-36/-71	-12/-34	0/-15	0/-22	0/-35	0/-54	0/-87	0/-140	0/-220	0/-350
100	120	-410/-680	-240/-460	-180/-400												
120	140	-450/-710	-260/-510	-200/-450	-145/-245	-85/-148	-43/-83	-14/-39	0/-18	0/-25	0/-40	0/-63	0/-100	0/-160	0/-250	0/-400
140	160	-520/-770	-280/-530	-210/-460												
160	180	-580/-830	-310/-560	-230/-480												

代号		js	k	m	n	p	r	s	t	u	v	x	y	z
公称尺寸（mm）		公差等级												
大于	至	6	6*	6	6*	6*	6	6*	6	6	6	6	6	6
—	3	±3	+6	+8	+10	+12	+16	+20	—	+24	—	+26	—	+32
			0	+2	+4	+6	+10	+14		+18		+20		+26
3	6	±4	+9	+12	+16	+20	+23	+27	—	+31	—	+36	—	+43
			+1	+4	+8	+12	+15	+19		+23		+28		+35
6	10	±4.5	+10	+15	+19	+24	+28	+32	—	+37	—	+43	—	+51
			+1	+6	+10	+15	+19	+23		+28		+34		+42
10	14	±5.5	+12	+18	+23	+29	+34	+39	—	+44		+54	—	+61
			+1	+7	+12	+18	+23	+28		+33		+40		+50
14	18										+50	+56	—	+71
											+39	+45		+60
18	24	±6.5	+15	+21	+28	+35	+41	+48	—	+54	+60	+67	+76	+86
			+2	+8	+15	+22	+28	+35		+41	+47	+54	+63	+73
24	30								+54	+61	+68	+77	+88	+101
									+41	+48	+55	+64	+75	+88
30	40	±8	+18	+25	+33	+42	+50	+59	+64	+78	+84	+96	+110	+128
			+2	+9	+17	+26	+34	+43	+48	+60	+68	+80	+94	+112
40	50								+70	+86	+97	+113	+130	+152
									+54	+70	+81	+97	+114	+136
50	65	±9.5	+21	+30	+39	+51	+60	+73	+85	+106	+121	+141	+163	+190
			+2	+11	+20	+32	+41	+53	+66	+87	+102	+122	+144	+172
65	80						+62	+78	+94	+121	+139	+165	+193	+229
							+43	+59	+75	+102	+120	+146	+174	+210
80	100	±11	+25	+35	+45	+59	+73	+93	+113	+146	+168	+200	+236	+280
			+3	+13	+23	+37	+51	+71	+91	+124	+146	+178	+214	+258
100	120						+76	+101	+126	+166	+194	+232	+276	+332
							+54	+79	+104	+144	+172	+210	+254	+310
120	140						+88	+117	+147	+195	+227	+273	+325	+390
							+63	+92	+122	+170	+202	+248	+300	+365
140	160	±12.5	+28	+40	+52	+68	+90	+125	+159	+215	+253	+305	+365	+440
			+3	+15	+27	+43	+65	+100	+134	+190	+228	+280	+340	+415
160	180						+93	+133	+171	+235	+277	+335	+405	+490
							+68	+108	+146	+210	+252	+310	+380	+465

附录一　尺寸公差、配合与螺纹

附表 3　孔的极限偏差数值（摘自 GB/T 1800.2—2009）　　　　单位：μm

代号		A	B	C	D	E	F	G	H						
公称尺寸（mm）		公差等级													
大于	至	11	11	11*	9*	8	8*	7*	6	7*	8*	9*	10	11*	12
—	3	+330 +270	+200 +140	+120 +60	+45 +20	+28 +14	+20 +6	+12 +2	+6 0	+10 0	+14 0	+25 0	+40 0	+60 0	+100 0
3	6	+345 +270	+215 +140	+145 +70	+60 +30	+38 +20	+28 +10	+16 +4	+8 0	+12 0	+18 0	+30 0	+48 0	+75 0	+120 0
6	10	+370 +280	+240 +150	+170 +80	+76 +40	+47 +25	+35 +13	+20 +5	+9 0	+15 0	+22 0	+36 0	+58 0	+90 0	+150 0
10	14	+400 +290	+260 +150	+205 +95	+93 +50	+59 +32	+43 +16	+24 +6	+11 0	+18 0	+27 0	+43 0	+70 0	+110 0	+180 0
14	18														
18	24	+430 +300	+290 +160	+240 +110	+117 +65	+73 +40	+53 +20	+28 +7	+13 0	+21 0	+33 0	+52 0	+84 0	+130 0	+210 0
24	30														
30	40	+470 +310	+330 +170	+280 +120	+142 +80	+89 +50	+64 +25	+34 +9	+16 0	+25 0	+39 0	+62 0	+100 0	+160 0	+250 0
40	50	+480 +320	+340 +180	+290 +130											
50	65	+530 +340	+380 +190	+330 +140	+174 +100	+106 +60	+76 +30	+40 +10	+19 0	+30 0	+46 0	+74 0	+120 0	+190 0	+300 0
65	80	+550 +360	+390 +200	+340 +150											
80	100	+600 +380	+440 +220	+290 +170	+207 +120	+126 +72	+90 +36	+47 +12	+22 0	+35 0	+54 0	+87 0	+140 0	+220 0	+350 0
100	120	+630 +410	+460 +240	+400 +180											
120	140	+710 +460	+510 +260	+450 +200											
140	160	+770 +520	+530 +280	+460 +210	+245 +146	+148 +85	+106 +43	+54 +14	+25 0	+40 0	+63 0	+100 0	+160 0	+250 0	+400 0
160	180	+830 +580	+560 +310	+480 +230											

代号		JS		K			M	N		P		R	S	T	U
公称尺寸（mm）		公差等级													
大于	至	6	7	6	7*	8	7	6	7*	6	7*	7	7*	7	7
—	3	±3	±5	0 / -6	0 / -10	0 / -14	-2 / -12	-4 / -10	-4 / -14	-6 / -12	-6 / -16	-10 / -20	-14 / -24	—	-18 / -28
3	6	±4	±6	+2 / -6	+3 / -9	+5 / -13	0 / -12	-5 / -13	-4 / -16	-9 / -17	-8 / -20	-11 / -23	-15 / -27	—	-19 / -31
6	10	±4,5	±7	+2 / -7	+5 / -10	+6 / -16	0 / -15	-7 / -16	-4 / -19	-12 / -21	-9 / -24	-13 / -28	-17 / -32	—	-22 / -27
10	14	±5.5	±9	+2 / -9	+6 / -12	+8 / -19	0 / -18	-9 / -20	-5 / -23	-15 / -26	-11 / -29	-16 / -34	-21 / -39	—	-26 / -44
14	18														
18	24	±6.5	±10	+2 / -11	+6 / -15	+10 / -23	0 / -21	-11 / -24	-7 / -28	-18 / -31	-14 / -35	-20 / -41	-27 / -48	—	-33 / -54
24	30													-33 / -54	-40 / -61
30	40	±8	±12	+3 / -13	+7 / -18	+12 / -27	0 / -25	-12 / -28	-8 / -33	-21 / -37	-17 / -42	-25 / -50	-34 / -59	-39 / -64	-51 / -76
40	50													-45 / -70	-61 / -86
50	65	±9.5	±15	+4 / -15	+9 / -21	+14 / -32	0 / -30	-14 / -33	-9 / -39	-26 / -45	-21 / -51	-30 / -60	-42 / -72	-55 / -85	-76 / -106
65	80											-32 / -62	-48 / -78	-64 / -94	-91 / -121
80	100	±11	±17	+4 / -18	+10 / -25	+16 / -38	0 / -35	-16 / -38	-10 / -45	-30 / -52	-24 / -59	-38 / -73	-58 / -93	-78 / -113	-111 / -146
100	120											-41 / -76	-66 / -101	-91 / -126	-131 / -166
120	140											-48 / -88	-77 / -117	-107 / -147	-155 / -195
140	160	±12.5	±20	+4 / -21	+12 / -28	+20 / -43	0 / -40	-20 / -45	-12 / -52	-36 / -61	-28 / -68	-50 / -90	-85 / -125	-119 / -159	-175 / -215
160	180											-53 / -93	-93 / -133	-131 / -171	-195 / -235

附录一 尺寸公差、配合与螺纹

附表4　线性尺寸的一般公差　　　　　　单位：mm

公差等级	尺寸分度			
	0.5～3	>3～6	>6～30	>30～120
f（精密级）	±0.05	±0.05	±0.1	±0.15
m（中等级）	±0.1	±0.1	±0.2	±0.3
c（粗糙级）	±0.2	±0.3	±0.5	±0.8
v（最粗级）	—	±0.5	±1	±1.5

公差等级	尺寸分度			
	>120～400	>400～1000	>1000～2000	>2000～4000
f（精密级）	±0.2	±0.3	±0.5	—
m（中等级）	±0.5	±0.8	±1.2	±2
c（粗糙级）	±1.2	±2	±3	±4
v（最粗级）	±2.5	±4	±6	±8

附表 5　基孔制优先、常用配合

轴

基准孔	a	b	c	d	e	f	g	h	js	k	m	n	p	r	s	t	u	v	x	y	z
H6						$\dfrac{H6}{f5}$	$\dfrac{H6}{g5}$ ◄	$\dfrac{H6}{h5}$ ◄	$\dfrac{H6}{js5}$	$\dfrac{H6}{k5}$ ◄	$\dfrac{H6}{m5}$	$\dfrac{H6}{n5}$ ◄	$\dfrac{H6}{p5}$ ◄	$\dfrac{H6}{r5}$	$\dfrac{H6}{s5}$ ◄	$\dfrac{H6}{t5}$					
H7						$\dfrac{H7}{f6}$ ◄	$\dfrac{H7}{g6}$	$\dfrac{H7}{h6}$ ◄	$\dfrac{H7}{js6}$	$\dfrac{H7}{k6}$	$\dfrac{H7}{m6}$	$\dfrac{H7}{n6}$	$\dfrac{H7}{p6}$	$\dfrac{H7}{r6}$	$\dfrac{H7}{s6}$	$\dfrac{H7}{t6}$	$\dfrac{H7}{u6}$	$\dfrac{H7}{v6}$	$\dfrac{H7}{x6}$	$\dfrac{H7}{y6}$	$\dfrac{H7}{z6}$
H8				$\dfrac{H8}{d8}$ ◄	$\dfrac{H8}{e7}$	$\dfrac{H8}{f7}$	$\dfrac{H8}{g7}$	$\dfrac{H8}{h7}$	$\dfrac{H8}{js7}$	$\dfrac{H8}{k7}$	$\dfrac{H8}{m7}$	$\dfrac{H8}{n7}$	$\dfrac{H8}{p7}$	$\dfrac{H8}{r7}$	$\dfrac{H8}{s7}$	$\dfrac{H8}{t7}$	$\dfrac{H8}{u7}$				
H8					$\dfrac{H8}{e8}$	$\dfrac{H8}{f8}$		$\dfrac{H8}{h8}$ ◄													
H9			$\dfrac{H9}{c9}$	$\dfrac{H9}{d9}$	$\dfrac{H9}{e9}$	$\dfrac{H9}{f9}$		$\dfrac{H9}{h9}$													
H10			$\dfrac{H10}{c10}$ ◄	$\dfrac{H10}{d10}$				$\dfrac{H10}{h10}$ ◄													
H11	$\dfrac{H11}{a11}$	$\dfrac{H11}{b11}$	$\dfrac{H11}{c11}$	$\dfrac{H11}{d11}$				$\dfrac{H11}{h11}$													
H12	$\dfrac{H12}{a12}$							$\dfrac{H12}{h12}$													

注：① $\dfrac{H6}{n5}$，$\dfrac{H7}{p6}$ 在基本尺寸小于或等于 3mm 和 $\dfrac{H8}{r7}$ 在基本尺寸小于或等于 100mm 时，为过渡配合。

② 标有 "◄" 的代号为优先配合。

附表 6　基轴制优先、常用配合

基准轴	孔																				
	A	B	C	D	E	F	G	H	JS	K	M	N	P	R	S	T	U	V	X	Y	Z
	间隙配合								过渡配合				过盈配合								
h5						$\frac{F6}{h5}$	$\frac{G6}{h5}$ ▲	$\frac{H6}{h5}$ ▲	$\frac{JS6}{h5}$	$\frac{K6}{h5}$ ▲	$\frac{M6}{h5}$	$\frac{N6}{h5}$ ▲	$\frac{P6}{h5}$ ▲	$\frac{R6}{h5}$	$\frac{S6}{h5}$ ▲	$\frac{T6}{h5}$					
h6						$\frac{F7}{h6}$	$\frac{G7}{h6}$	$\frac{H7}{h6}$ ▲	$\frac{JS7}{h6}$	$\frac{K7}{h6}$	$\frac{M7}{h6}$	$\frac{N7}{h6}$	$\frac{P7}{h6}$ ▲	$\frac{R7}{h6}$	$\frac{S7}{h6}$	$\frac{T7}{h6}$	$\frac{U7}{h6}$ ▲				
h7					$\frac{E8}{h7}$	$\frac{F8}{h7}$ ▲		$\frac{H8}{h7}$ ▲	$\frac{JS8}{h7}$	$\frac{K8}{h7}$	$\frac{M8}{h7}$	$\frac{N8}{h7}$									
h8				$\frac{D8}{h8}$	$\frac{E8}{h8}$	$\frac{F8}{h8}$		$\frac{H8}{h8}$													
h9				$\frac{D9}{h9}$	$\frac{E9}{h9}$	$\frac{F9}{h9}$		$\frac{H9}{h9}$													
h10				$\frac{D10}{h10}$				$\frac{H10}{h10}$ ▲													
h11	$\frac{A11}{h11}$	$\frac{B11}{h11}$	$\frac{C11}{h11}$ ▲	$\frac{D11}{h11}$				$\frac{H11}{h11}$ ▲													
h12		$\frac{B12}{h12}$						$\frac{H12}{h12}$													

注：标有"▲"的代号为优先配合。

公称直径 D 或 d		螺 距	中 径	小 径
第一系列	第二系列	P	D_2 或 d_2	D_1 或 d_1
1		0.25	0.838	0.729
		0.2	0.870	0.783
	1.1	0.25	0.938	0.829
		0.2	0.970	0.883
1.2		0.25	1.038	0.929
		0.2	1.070	0.983
	1.4	0.3	1.205	1.075
		0.2	1.270	1.183
1.6		0.35	1.373	1.221
		0.2	1.470	1.383
	1.8	0.35	1.573	1.421
		0.2	1.670	1.583
2		0.4	1.740	1.567
		0.25	1.838	1.729
	2.2	0.45	1.908	1.713
		0.25	2.038	1.929
2.5		0.45	2.208	2.013
		0.35	2.273	2.121
3		0.5	2.675	2.459
		0.35	2.773	2.621
	3.5	(0.6)	3.110	2.850
		0.35	3.273	3.121
4		0.7	3.545	3.242
		0.5	3.675	3.459
	4.5	(0.75)	4.013	3.688
		0.5	4.175	3.959
5		0.8	4.480	4.134
		0.5	4.675	4.459
6		1	5.350	4.917
		0.75	5.513	5.188
		(0.5)	5.675	5.459
8		1.25	7.188	6.647
		1	7.350	6.917
		0.75	7.513	7.188
		(0.5)	7.675	7.459
10		1.5	9.026	8.376
		1.25	9.188	8.647
		1	9.350	8.917
		0.75	9.513	9.188
		(0.5)	9.675	9.459

附录一 尺寸公差、配合与螺纹

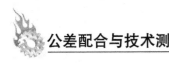
续表

| 公称直径 D 或 d | | 螺　距 | 中　径 | 小　径 |
第一系列	第二系列	P	D_2 或 d_2	D_1 或 d_1
12		1.75	10.863	10.106
		1.5	11.026	10.376
		1.25	11.188	10.647
		1	11.350	10.917
		0.75	11.513	11.188
		(0.5)	11.675	11.459
	14	2	12.701	11.835
		1.5	13.026	12.376
		(1.25)	13.188	12.647
		1	13.350	12.917
		(0.75)	13.513	13.138
		(0.5)	13.675	13.459
16		2	14.701	13.835
		1.5	15.026	14.374
		1	15.350	14.917
		(0.75)	15.513	15.188
		0.5	15.675	15.459
	18	2.5	16.376	15.294
		2	16.701	15.835
		1.5	17.026	16.376
		1	17.350	16.917
		(0.75)	17.513	17.188
		(0.5)	17.675	17.459
20		2.5	18.376	17.294
		2	18.701	17.835
		1.5	19.026	18.376
		1	19.350	18.917
		(0.75)	19.513	19.188
		(0.5)	19.675	19.459
	22	2.5	20.376	19.294
		2	20.701	19.835
		1.5	21.026	20.376
		1	21.350	20.917
		(0.75)	21.513	21.188
		(0.5)	21.675	21.459
24		3	22.051	20.752
		2	22.701	21.835
		1.5	23.026	22.376
		1	23.350	22.917
		(0.75)	23.513	23.188

公称直径 D 或 d		螺 距	中 径	小 径
第一系列	第二系列	P	D_2 或 d_2	D_1 或 d_1
	27	3	25.051	23.752
		2	25.701	24.835
		1.5	26.026	25.376
		1	26.350	25.917
		(0.75)	26.513	26.188
30		3.5	27.727	26.211
		(3)	28.051	26.752
		2	28.701	27.835
		1.5	29.026	28.376
		1	29.350	28.917
		(0.75)	29.513	29.188
	33	3.5	30.727	29.211
		(3)	31.051	29.752
		2	31.701	30.835
		1.5	32.026	31.376
		1	32.350	31.917
		(0.75)	32.513	32.188
36		4	33.402	31.670
		3	34.051	32.752
		2	34.701	33.835
		1.5	35.026	34.376
		(1)	35.350	34.917
	39	4	36.402	34.670
		3	37.051	35.752
		2	37.701	36.835
		1.5	38.026	37.376
		(1)	38.350	37.917
		4	36.402	34.670
42		4.5	39.077	37.129
		(4)	39.402	37.670
		3	40.051	38.752
		2	40.701	39.835
		1.5	41.026	40.376
		(1)	41.350	40.917
	45	4.5	42.077	40.129
		(4)	42.402	40.670
		3	43.051	41.752
		2	43.701	42.835
		1.5	44.026	43.376
		(1)	44.350	43.917

注：直径优先选用第一系列。

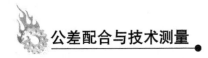

附表8　内、外螺纹的基本偏差　　　　　　　　　单位：μm

螺距 P（mm）	基本偏差					
	内螺纹		外螺纹			
	G	H	e	f	g	h
	EI	EI	es	es	es	es
0.2	+17	0	—	—	−17	0
0.25	+18	0	—	—	−18	0
0.3	+18	0	—	—	−18	0
0.35	+19	0	—	−34	−19	0
0.4	+19	0	—	−34	−19	0
0.45	+20	0	—	−35	−20	0
0.5	+20	0	−50	−36	−20	0
0.6	+21	0	−53	−36	−21	0
0.7	+22	0	−56	−38	−22	0
0.75	+22	0	−56	−38	−22	0
0.8	+24	0	−60	−38	−24	0
1	+26	0	−60	−40	−26	0
1.25	+28	0	−63	−42	−28	0
1.5	+32	0	−67	−45	−32	0
1.75	+34	0	−71	−48	−34	0
2	+38	0	−71	−52	−38	0
2.5	+42	0	−80	−58	−42	0
3	+48	0	−85	−63	−48	0
3.5	+53	0	−90	−70	−53	0
4	+60	0	−95	−75	−60	0
4.5	+63	0	−100	−80	−63	0
5	+71	0	−106	−85	−71	0
5.5	+75	0	−112	−90	−75	0
6	+80	0	−118	−95	−80	0
8	+100	0	−140	−118	−100	0

公称直径 D（mm）		螺距 P（mm）	公差等级						
>	≤		3	4	5	6	7	8	9
0.99	1.4	0.2	24	30	38	48	—	—	—
		0.25	26	34	42	53	—	—	—
		0.3	28	36	45	56	—	—	—
1.4	2.8	0.2	25	32	40	50	—	—	—
		0.25	28	36	45	56	—	—	—
		0.35	32	40	50	63	80	—	—
		0.4	34	42	53	67	85	—	—
		0.45	36	45	56	71	90	—	—
2.8	5.6	0.35	34	42	53	67	85	—	—
		0.5	38	48	60	75	95	—	—
		0.6	42	53	67	85	106	—	—
		0.7	45	56	71	90	112	—	—
		0.75	45	56	71	90	112	—	—
		0.8	48	60	75	95	118	150	190
5.6	11.2	0.5	42	53	67	85	106	—	—
		0.75	50	63	80	100	125	—	—
		1	56	71	90	112	140	180	224
		1.25	60	75	95	118	150	190	236
		1.5	67	85	106	132	170	212	265
11.2	22.4	0.5	45	56	71	90	112	—	—
		0.75	53	67	85	106	132	—	—
		1	60	75	95	118	150	190	236
		1.25	67	85	106	132	170	212	265
		1.5	71	90	112	140	180	224	280
		1.75	75	95	118	150	190	236	300
		2	80	100	125	160	200	250	315
		2.5	85	106	132	170	212	265	335
22.4	45	0.75	56	71	90	112	140	—	—
		1	63	80	100	125	160	200	250
		1.5	75	95	118	150	190	236	300
		2	85	106	132	170	212	265	335
		3	100	125	160	200	250	315	400
		3.5	106	132	170	212	265	335	425
		4	112	140	180	224	280	355	450
		4.5	118	150	190	236	300	375	475

附录一　尺寸公差、配合与螺纹

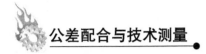

公称直径 D（mm）		螺距 P	公差等级						
>	≤	（mm）	3	4	5	6	7	8	9
45	90	1	71	90	112	140	180	224	—
		1.5	80	100	125	160	200	250	315
		2	90	112	140	180	224	280	355
		3	106	132	170	212	265	335	425
		4	118	150	190	236	300	375	475
		5	125	160	200	250	315	400	500
		5.5	132	170	212	265	335	425	530
		6	140	180	224	280	355	450	560
90	180	1.5	85	106	132	170	212	265	335
		2	95	118	150	190	236	300	375
		3	112	140	180	224	280	355	450
		4	125	160	200	250	315	400	500
		6	150	190	236	300	375	475	600
180	355	2	106	132	170	212	265	335	425
		3	125	160	200	250	315	400	500
		4	140	180	224	280	355	450	560
		6	160	200	250	315	400	500	630

附表 10 内螺纹的中径公差（T_{D2}）　　　　单位：μm

公称直径 D（mm）		螺距 P	公差等级				
>	≤	（mm）	4	5	6	7	8
0.99	1.4	0.2	40	—	—	—	—
		0.25	45	56	—	—	—
		0.3	48	60	75	—	—
1.4	2.8	0.2	42	—	—	—	—
		0.25	48	60	—	—	—
		0.35	53	67	85	—	—
		0.4	56	71	90	—	—
		0.45	60	75	95	—	—
2.8	5.6	0.35	56	71	90	—	—
		0.5	63	83	100	125	—
		0.6	71	90	112	140	—
		0.7	75	95	118	150	—
		0.75	75	95	118	150	—
		0.8	80	100	125	160	200

公称直径 D（mm）		螺距 P（mm）	公差等级				
>	≤		4	5	6	7	8
5.6	11.2	0.5	71	90	112	140	—
		0.75	85	106	132	170	—
		1	95	118	150	190	236
		1.25	100	125	160	200	250
		1.5	112	140	180	224	280
11.2	22.4	0.5	75	95	118	150	—
		0.75	90	112	140	180	—
		1	100	125	160	200	250
		1.25	112	140	180	224	280
		1.5	118	150	190	236	300
		1.75	125	160	200	250	315
		2	132	170	212	265	335
		2.5	140	180	224	280	355
22.4	45	0.75	95	118	150	190	—
		1	106	132	170	212	—
		1.5	125	160	200	250	315
		2	140	180	224	280	355
		3	170	212	265	335	425
		3.5	180	224	280	355	450
		4	190	236	300	375	475
		4.5	200	250	315	400	500
45	90	1	118	150	180	236	—
		1.5	132	170	212	265	335
		1.5	132	170	212	265	335
		2	150	190	236	300	375
		3	180	224	280	355	450
		4	200	250	315	400	500
		5	212	265	335	425	530
		5.5	224	280	355	450	560
		6	236	300	375	475	600
90	180	1.5	140	180	224	280	355
		2	160	200	250	315	400
		3	190	236	300	375	475
		4	212	265	335	425	530
		6	250	315	400	500	630
180	355	2	180	224	280	355	450
		3	212	265	335	425	530
		4	236	300	375	475	600
		6	265	335	425	530	670

附录一　尺寸公差、配合与螺纹

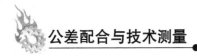

附表 11　普通螺纹标准量针直径 d_D 值及中径参数　　　　单位：mm

螺距 P	标准量针直径 d_D	中径参数	螺距 P	标准量针直径 d_D	中径参数
0.2	0.118	0.181	1.25	0.724	1.090
0.25	0.142	0.210	1.5	0.866	1.299
0.3	0.185	0.295	1.75	1.008	1.509
0.35	0.185	0.252	2	1.157	1.739
0.4	0.250	0.404	2.5	1.441	2.518
0.45	0.250	0.360	3	1.732	2.598
0.5	0.291	0.440	3.5	2.050	3.119
0.6	0.343	0.509	4	2.311	3.469
0.7	0.433	0.693	4.5	2.595	3.888
0.75	0.433	0.650	5	2.886	4.328
0.8	0.433	0.606	5.5	3.177	4.768
1.0	0.572	0.850	6	3.468	5.208

附表 12　梯形螺纹基本尺寸数值表　　　　单位：mm

梯形螺纹公称直径 d		螺距 P	中径 $D_2=d_2$	大径 D_4	小径	
第一系列	第二系列				外螺纹 d_3	内螺纹 D_1
8		1.5	7.25	8.3	6.2	6.5
	9	1.5	8.25	9.3	7.2	7.5
		2	8	9.5	6.5	7
10		1.5	9.25	10.3	8.2	8.5
		2	9	10.5	7.5	8
	11	2	10	11.5	8.5	9
		3	9.5	11.5	7.5	8
12		2	11	12.5	9.5	10
		3	10.5	12.5	8.5	9
	14	2	13	14.5	11.5	12
		3	12.5	14.5	10.5	11
16		2	15	16.5	13.5	14
		4	14	16.5	11.5	12
	18	2	17	18.5	15.5	16
		4	16	18.5	13.5	14
20		2	19	20.5	17.5	18
		4	18	20.5	15.5	16
	22	3	20.5	22.5	18.5	19
		5	19.5	22.5	16.5	17
		8	18	23	13	14
24		3	22.5	24.5	20.5	21
		5	21.5	24.5	18.5	19
		8	20	25	15	16

梯形螺纹公称直径 d		螺距 P	中径 $D_2=d_2$	大径 D_4	小　径	
第一系列	第二系列				外螺纹 d_3	内螺纹 D_1
	26	3	24.5	26.5	22.5	23
		5	23.5	26.5	20.5	21
		8	22	27	17	18
28		3	26.5	28.5	24.5	25
		5	25.5	28.5	22.5	23
28		8	24	29	19	20
	30	3	28.5	30.5	26.5	27
		6	27	31	23	24
		10	25	31	19	20
32		3	30.5	32.5	28.5	29
		6	29	33	25	26
		10	27	33	21	22
	34	3	32.5	34.5	30.5	31
		6	31	35	27	28
		10	29	35	23	24
36		3	34.5	36.5	32.5	33
		6	33	37	29	30
		10	31	37	25	26
	38	3	36.5	38.5	34.5	35
		7	34.5	39	30	31
		10	33	39	27	28
40		3	38.5	40.5	36.5	37
		7	36.5	41	32	33
		10	35	41	29	30
	42	3	40.5	42.5	38.5	39
		7	38.5	43	34	35
		10	37	43	31	32
44		3	42.5	44.5	40.5	41
		7	40.5	45	36	37
		12	38	45	31	32
	46	3	44.5	46.5	42.5	43
		8	42	47	37	38
		12	40	47	33	34
48		3	46.5	48.5	44.5	45
		8	44	49	39	40
		12	42	49	35	36
	50	3	48.5	50.5	46.5	47
		8	46	51	41	42
		12	44	51	37	38
52		3	50.5	52.5	48.5	49
		8	48	53	43	44
		12	46	53	39	40

附录一　尺寸公差、配合与螺纹

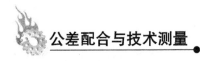

续表

梯形螺纹公称直径 d		螺距 P	中径 $D_2=d_2$	大径 D_4	小 径	
第一系列	第二系列				外螺纹 d_3	内螺纹 D_1
	55	3	53.5	55.5	51.5	52
		9	50.5	56	45	46
		14	48	57	39	41
60		3	58.5	60.5	56.5	57
		9	55.5	61	50	51
		14	53	62	44	46
	65	4	63	65.5	60.5	61
		10	60	66	54	55
		16	57	67	47	49
70		4	68	70.5	65.5	66
		10	65	71	59	60
		16	62	72	62	54
	75	4	73	75.5	70.5	71
		10	70	76	64	65
		16	67	77	57	59
80		4	78	80.5	75.5	76
		10	75	81	69	70
		16	72	82	62	64
	85	4	83	85.5	80.5	81
		12	79	86	72	73
		18	76	87	65	67

附表 13　梯形螺纹中径的基本偏差　　　　　　单位：μm

螺距 P (mm)	基本偏差			螺距 P (mm)	基本偏差		
	内螺纹	外螺纹			内螺纹	外螺纹	
	H	c	e		H	c	e
	EI	es	es		EI	es	es
1.5	0	−140	−67	14	0	−355	−180
2	0	−150	−71	16	0	−375	−190
3	0	−170	−85	18	0	−400	−200
4	0	−190	−95	20	0	−425	−212
5	0	−212	−106	22	0	−450	−224
6	0	−236	−118	24	0	−475	−236
7	0	−250	−125	28	0	−500	−250
8	0	−265	−132	32	0	−530	−265
9	0	−230	−140	36	0	−560	−280
10	0	−300	−150	40	0	−600	−300
12	0	−335	−160	44	0	−630	−315

附表 14　梯形螺纹顶径公差　　　　　　　　　　单位：μm

螺距 P（mm）	内螺纹小径公差（T_{D1}）4 级公差	螺距 P（mm）	外螺纹大径公差（T_d）4 级公差
1.5	190	1.5	150
2	236	2	180
3	315	3	236
4	375	4	300
5	450	5	335
6	500	6	375
7	560	7	425
8	630	8	450
9	670	9	500
10	710	10	530
12	800	12	600
14	900	14	670
16	1000	16	710
18	1120	18	800
20	1180	20	850
22	1250	22	900
24	1320	24	950
28	1500	28	1060
32	1600	32	1120
36	1800	36	1250
40	1900	40	1320
44	2000	44	1400

附表 15　梯形螺纹标准量针直径 d_D 值及中径参数　　　　　　　单位：mm

螺距 P	标准量针直径 d_D	中径参数	螺距 P	标准量针直径 d_D	中径参数
2	1.008	1.711			
2*	1.302	2.601			
3	1.553	1.956			
3*	1.732	2.826	12	6.212	7.823
4	2.050	2.507			
4*	2.311	3.777			
5	2.595	3.292			
5*	2.866	4.610			
6	3.106	3.912			
6*	3.177	4.257			
8	4.120	5.112			
8*	4.400	6.474			
10	5.150	6.390			

零件检测报告

零件名称		编号		姓名			日期	

零件简图	

测量方法及要求	
检测结果	

序号	项目	规格	量具	测量数据					测量数据处理
				No.1	No.2	No.3	No.4	No.5	
1									
2									
3									
4									
5									
6									
7									
8									
9									
10									
11									
12									
13									
14									
15									

注："检测结果"栏中填写"合格"、"报废"或"返修"。

评价项目	分值	评价标准	自评	组评	师评
及时完成测量步骤	40	操作步骤正确合理			
积极参与活动	15	积极完成学习任务			
小组成员合作良好	15	服从组长安排，与其他成员分工协作			
测量器具摆放规范	15	按要求摆放测量器具			
工作现场卫生整洁	15	按要求保持工作现场整洁			
合计					

学生签名： 组员签名： 教师签名：

活动内容： 日期：

反侵权盗版声明

　　电子工业出版社依法对本作品享有专有出版权。任何未经权利人书面许可，复制、销售或通过信息网络传播本作品的行为；歪曲、篡改、剽窃本作品的行为，均违反《中华人民共和国著作权法》，其行为人应承担相应的民事责任和行政责任，构成犯罪的，将被依法追究刑事责任。

　　为了维护市场秩序，保护权利人的合法权益，我社将依法查处和打击侵权盗版的单位和个人。欢迎社会各界人士积极举报侵权盗版行为，本社将奖励举报有功人员，并保证举报人的信息不被泄露。

举报电话：（010）88254396；（010）88258888

传　　真：（010）88254397

E-mail：　dbqq@phei.com.cn

通信地址：北京市万寿路 173 信箱

　　　　　电子工业出版社总编办公室

邮　　编：100036